VENUS AND MERCURY
AND HOW TO OBSERVE THEM

观测水星和金星

Peter Grego

〔英国〕彼得·格雷戈 著

汪 赞 译

上海三联书店

目　录

第一章

水星和金星概览

自从人类远古祖先对他们头顶上的天体产生强烈的好奇心以来，水星和金星在人类眼中，就是两个飞翔在天空中的明亮光点，出现在黄昏或是黎明时分。"行星"一词来源于希腊语"planetes"，意思是"漫游者"。五颗经典行星——水星、金星、火星、木星以及土星——再加上太阳和月亮，就构成了"七大天体"。因为它们在天空中显得格外特殊，所以这七个神秘的漫游者被纳入了古代的信仰和占星学体系中。毋庸多言，占星术从来没有任何科学依据，任何一个理性的人都不会认为，占星术这种古雅但无知的文化有半点价值。

在五颗经典行星中，水星和金星比较特别，因为它们漫游的轨迹从未偏离太阳很远——这两颗行星都不会出现在天空中与太阳相对的位置。从我们的地球上望去，水星总是出现在离太阳相对较近的地方——二者的距离最多比伸出的手掌的宽度略大一些①——如此之近，以至于在完全黑暗的天空中，有时也无法看到水星。水星闪烁着略带粉红色的色调，其亮度从未超过 −1.3 星等②；在地球上，每年只有六次机会可以通过肉眼观测到水星交替出现在黄昏和黎明时分的天空中，每次持续几周时间。水星相对于背景天空运动迅速，于是人们完美地将它和古希腊神话中

---

① 实际含义是太阳和水星连线的"视角"与伸出的手掌宽度的"视角"差不多。——本书注释，除特别说明，均为译注

② 星等是衡量天体光度的量，可正可负，数值越小亮度越高，反之越暗，这里的"−1.3 星等"是视星等，即观测者用肉眼所看到的星体亮度。

敏捷的赫尔墨斯联系到了一起，赫尔墨斯在罗马神话中为墨丘利①，是众神的快步信使。

金星漫游的轨道到太阳的距离大约是水星的两倍，在日落后（或日出前）4 小时内，人们可以在黄昏（或黎明）持续观测到金星。在天色暗下来的黄昏，天空中的金星看起来是一个耀眼的纯白色天体，它的亮度可以达到 -4.4 星等，足以在地面投下阴影。因此，难怪人们将罗马神话中爱与美的女神维纳斯（相当于希腊神话中的阿芙洛狄忒）的名字，赋予了这颗拥有耀眼纯白外表、令人惊叹的行星。

在哥白尼的太阳中心说——是太阳而不是地球位于太阳系的中心——这一概念提出后，行星在天空中显现不同运动路径的真正原因才变得清晰起来。水星和金星的绕日运行轨道都位于地球的绕日运行轨道之内，因此，它们被称为"内行星"②。火星、木星和土星的绕日运行轨道都位于地球的绕日运行轨道之外，它们便被称为"外行星"③。"内行星"和"外行星"这两个词有时会与"带内行星"和"带外行星"④相混淆。带内行星包括四颗绕日运行的岩石行星——水星、金星、地球和火星，它们位于小行星主带⑤之内。而在小行星主带之外，气态巨行星——木星、土星、天王星和海王星，则共同构成了带外行星。

17 世纪，在望远镜被正式应用于天文观测研究后，"水星和金星是围绕太阳运行的客观存在的球体"这一事实变得清楚起来；

---

① 墨丘利的英文是 Mercury，与水星的英文相同。

② 内行星，英文名是 Inferior planet，中国台湾地区称"地内行星"。

③ 外行星，英文名是 Superior planet，中国台湾地区称"地外行星"。

④ 带内行星、带外行星，英文名分别是 Inner planet、Outer planet，中国台湾地区分别称"内行星""外行星"。

⑤ 小行星主带，也称"主小行星带"。

二者本身就是两个真实的物理存在，而不仅仅是两个光点。望远镜观测结果显示：在绕日公转的过程中，水星和金星都经历了一系列的相位变化；所谓"相位"是根据行星、地球（观察者所在行星）、太阳三者依次连线构成的夹角来确定的，夹角大小不同，从地球上观察到的水星和金星被阳光照亮部分的大小便不同。从地球上看去，金星显得相当之大，以至于伽利略那个时代的人们依靠简单的仪器就能够观测到它的相位变化——1610 年 12 月，伽利略·伽利雷使用其自制的小型折射望远镜首次发现了金星相位的变化。从望远镜的目镜中看到的水星比金星小得多，且水星比金星更加难以捕捉，需要使用更大的望远镜才能清楚地分辨出它的相位，所以，直到 1639 年，人类才首次分辨出了水星的相位（这项工作由天文学家乔瓦尼·祖皮所完成）。

水星和金星的视直径[①]似乎随着它们的相位变化而变化，这一观测结果进一步证明了这两颗行星都是在围绕着太阳运行。水星和金星在上合（指的是从地球上看它们处在绕日运行轨道的远端）后远离太阳时显得越来越大，而它们的相位则从接近完全发光的圆盘，逐渐缩小，到了东大距（从地球上看去水星处在太阳的最东边）时，变成了半发光的圆盘。之后，它们的视直径继续增大，直至接近下合（从地球上看它们处在绕日运行轨道的近端）时，在此过程中，水星和金星看上去会变成一个越来越窄的新月形状。当这两颗行星在太阳以西运动时，也就是在下合之后，其视直径和相位的变化情况恰好与前述上合之后的情况相反。

尽管它们有着"内行星"（在英语中"内行星"是 Inferior planet，而 inferior 含有"较差的、低等的"意思，故而有时会被

---

① 视直径即视大小，也就是肉眼看见的物体的视角。

人们误认为是对某种行星质量低劣的判断）的称呼，但是水星和金星在太阳系中占据实实在在的行星地位，这一点从未受到任何怀疑。人们可能会想：为什么遥远的冥王星（直径 2390 千米，且有三颗卫星）在 2006 年失去了它的行星地位，而水星却依然是一个不折不扣的行星呢？根据国际天文学联合会（一个掌管天文学定义和命名等事项的机构）对太阳系中行星的定义，行星须是围绕太阳运行的天体，其质量足够大，大到其自身的引力能够使自己呈圆球状，而且可以通过自身引力"清理"掉其绕日运行轨道上的其他天体。水星符合这些标准；而冥王星不符合，因为在其绕日运行轨道上距离它有些遥远的地方有许多相当大的近邻天体，这些天体被统称为"柯伊伯带天体"，其中有几个柯伊伯带天体的大小还和冥王星差不多。

1.1 ┃神秘行星

　　19 世纪，天文学界出现了一个猜测，即在水星绕日运行轨道内可能还有一颗围绕太阳运行的行星——一颗所谓的水星内行星。这种猜测并非毫无根据，因为对水星绕日运行轨道的观测结果显示：水星的行为似乎并不完全符合传统的牛顿引力理论。这使得存在水星内行星的猜测变得更加活跃。水星的椭圆轨道是八大行星中最明显的。水星绕日运行的椭圆轨道的近日点不是固定在太空中某处，而是在围绕着太阳向前行进。当我们从上面往下看时，水星在太空中勾勒出了一个复杂的"玫瑰花"图案，就像一幅螺旋画，这是因为水星椭圆轨道的轴在逐步绕着太阳摆动。虽然经典物理学预测到了前述水星近日点进动现象，但是人们在水星实际运动中所观察到的进动量，似乎比预测出来的略多——每世纪多出 43 弧秒。有段时间人们认为，这多出来的进动量，看起来好像是因为存在一个未被发现的、比水星更接近太阳的小行星，它使水星受其引力影响从而造成了这种莫名其妙的现象。

这样的猜测有一个成功的先例，那就是在 1846 年，著名的天文学家和数学家乌尔班·勒维耶计算出天王星的异常运动是更远处的一颗看不见的大行星的引力扰动造成的。勒维耶预测出了这颗大行星的位置，这直接导致了海王星的发现——1846 年 9 月 23 日，约翰·加雷和海因里希·达赫斯特根据勒维耶的预测，在柏林天文台观测到了海王星。

1859 年 3 月 26 日，一位毫不知名的乡村业余天文学家勒卡尔博尔报告说，他观测到一个黑点耗时 1 小时 17 秒穿过了太阳圆盘。在此之前，唯一被观测到的凌日[①]现象是由水星和金星造成的；水星凌日现象每个世纪会发生十三或十四次，金星凌日现象每个世纪发生两次。勒维耶亲自拜访了勒卡尔博尔，并仔细研究了他这一不同寻常的观测结果，而后便信服了。勒维耶断言，勒卡尔博尔观测到的这个神秘的凌日物体应该就是一颗很难被观测到的水星内行星；他很相信他的判断，继而求解起这颗水星内行星的绕日轨道来。这颗假定存在的行星被称为"火神星"（取自罗马神话中的火与火山之神）；经计算，火神星的轨道到太阳的平均距离为 2100 万千米，是水星的轨道到太阳的平均距离的 1/4。从绕日运行一圈的快慢看，如果说水星是脚穿飞行鞋的信使，那么火神星快得堪称"行星电子邮件"，因为它绕日一周仅需 19 天 17 小时。火神星的公转轨道平面与黄道面的夹角约为 12 度。

---

① 凌日，指太阳被一个小的暗星体遮挡。

支持"存在火神星"这一观点的人声称：从地球上望去，这颗行星总是离太阳的强光很近，距离太阳最远的时候视角也只有8度。因此，火神星只能在其凌日时，或是在日全食期间被观测到。日全食期间，太阳光会短暂地变暗，从而可以观测到出现在其周围空间的火神星。于是，人们花费数十年时间展开有目的的搜索，结果被证明是徒劳的。尽管有许多人说观测到了火神星，这些人中有些还是非常受尊敬的天文学家，但是没有一个观测结果能够得到科学证实。

虽然经典物理学的预测似乎适用于引力场相对较弱的物体——比如，地球对我们身体的拉力（人处在相对较弱的地球引力场中）和地球围绕太阳的运动（地球处在相对较弱的太阳引力场中）——但当这种预测要应用于强引力场中的物体时，预测结果就会变得不稳定。水星的轨道就是一个典型的例子，它恰好处在太阳的强引力场中。1915年，爱因斯坦的相对论发表，至此，水星绕日轨道这令人纠结的小异常最终得到了科学解释。相对论是一种研究大质量物体对周围时空的扭曲及其影响的理论。的确，相对论的预测结果与水星的实际轨道十分接近。根本不可能真实存在一个水星内行星，因为火神星如果真的存在，那么它将对目前水星的实际轨道产生明显的影响。至此，天文学史上最引人入胜的故事之一便落下了帷幕。

1.2 近看水星和金星

在太阳系八大行星中，人类对水星的外貌了解最少。在太空时代到来前，人类花了三个半世纪用望远镜观测水星，但只获得了少量关于其表面性质和外观的视觉线索。经过半个世纪的太空探索，人类已经向太阳系的各个地方投送了超过 150 个空间探测器，但是人们一直避免系统、彻底地近距离研究水星。只有一个空间探测器曾对水星进行过详细考察，那便是美国的"水手 10 号"探测器。1974 年 3 月 29 日，"水手 10 号"第一次快速掠过水星，随后又分别于 1974 年 9 月 21 日和 1975 年 3 月 16 日两次飞掠水星。"水手 10 号"获得了大约 2700 张 100 米至 4000 米分辨率的图像，涵盖了大约一半的水星表面。图像显示，水星表面坑坑洼洼，与月球被撞击的南部高地非常相似，且水星上没有明显的大气层。

水星是离太阳最近的行星，它朝向太阳的那一面十分炽热，人们一直认为水星上不可能存在冰层，但事实并非如此。1991年 8 月，加州理工学院的一个天文学家小组利用喷气推进实验室的金石射电天线向水星发射了高功率波束，并通过位于新墨西哥州的甚大天线阵接收反射信号，最终获得了水星表面的雷达图像。不出所料，雷达图像揭示出水星表面高低不平、坑洼严重；但与此同时，科学家们也惊讶地发现：他们收到的来自水星北极地区的雷达回波很强烈，这是因为观测时水星北极地区在地球上的投影面积恰好最大。这一强烈清晰的雷达回波，被成像为一个直径约 400 千米的光斑；科学家们将这个光斑认作是水星北极存在一个大型冰层的证据，该冰层被困在北极附近深邃陨石坑的永久阴影中。如果水星极地冰层真的存在，那么它很可能是由撞击水星的彗星核沉积下来的。彗星核中有包括水在内的挥发性物质，一旦在撞击中汽化，就会在阳光照射不到的地方冻结。

尽管人类还没有对水星进行近距离的详细勘查，但不可否认，它是一颗相当重要的行星。行星科学家们一致认为，对水星进行更近距离的详细勘查是值得的。更好地了解水星的全面地形、地质演化过程、组成成分和内部结构，将有助于科学家们更深入地了解太阳系的发展，推断很久以前内太阳系的演变过程。事实上，人们认为水星那让人着迷、布满撞击伤痕的表面，在很大程度上是由太阳系外围气态巨行星造成的——气态巨行星的引力会扰动遥远的小行星和彗星，使之撞向水星。

如果一切按计划进行，那么人类缺乏对水星进行近距离探测的局面将很快得到改变。美国国家航空航天局的"信使号"空间探测器（可探测水星的表面、空间环境、地质化学和空间距离）已于 2004 年 8 月成功发射，从 2011 年开始进入环绕水星运行的轨道，为期 1 年。在这场行星际旅途中，"信使号"空间探测器于 2006 年 10 月和 2007 年 6 月贴近金星表面飞行从而借助其引力进行加速；而后又于 2008 年 1 月、10 月和 2009 年 9 月借助水星引力进行加速。在借助金星和水星引力进行加速的过程中，探测器将对这两颗行星进行拍照成像，并展开科学观测。

金星也堪称"神秘行星"，但其"神秘"的原因与火神星的完全不同。当从地球上用普通光观测金星时，人们永远也无法看到这颗行星的固体表面，因为它始终被笼罩在浓密多云的大气中。最顶部云层将大部分照射到金星上的阳光都反射了出去，使金星显得十分明亮。一批又一批使用望远镜观测金星并试图绘制出这颗行星的人，没有意识到他们所能观察到的金星的所有特征都只是短暂的云层现象。许多关于金星表面形态的奇特图表被制作出来，其中一些图表还特别详细。事实上，当时的一些天文学家已经在大胆地根据他们自认为看到的表面特征来计算金星的自转周期。

人类第一次真正瞥见金星的固体表面是在 1964 年，当时人们使用雷达绘制出了这个星球表面的基本图像。而后在 1969 年，理查德·戈德斯坦和霍华德·拉姆齐利用金石射电天线对金星开展了最早的雷达勘测。在最接近金星下合的时间前后，他们进行了为期 17 天的研究，基于研究结果绘制出的地图涵盖了大约 30% 的金星表面。这些地图成像粗糙，尽管进行了图像增强，但结果却显得有些失真。1969 年，科学家们使用位于波多黎各的阿雷西博 305 米射电望远镜，开展了类似的研究（阿雷西博射电望远镜拥有一个建在自然山谷内的巨大射电天线，1965 年，人们曾利用它首次测量了水星的自转周期）。较亮的、雷达反射较强的区域被认为是金星上的丘陵或山区，而较暗的区域则被认为是平坦的平原。最初采用的金星地貌命名法显得单调乏味——两个较亮的区域被命名为"阿尔法区"和"贝塔区"。利用地基雷达研究金星一直持续到 20 世纪 70 年代，在此过程中，雷达研究逐渐变得更加复杂，随之揭示出了更多关于金星的细节。例如，通过雷达人们发现了金星上存在圆形的构造，尽管尚无法确定这些圆形构造是火山还是撞击坑。无论这些研究结果多么微不足道，都表明通过雷达研究行星的方法是有前途的，这是一个充满希望的开始。

1978 年 12 月，美国的"先锋金星轨道飞行器"开始对金星进行详细的雷达测绘，其分辨率远远高于当时的地基雷达金星测绘。该探测器的设计寿命是一年，但它实际持续运行了不少于 14 年，远超设计寿命；1992 年 10 月，该探测器最终在坠入金星大气层时被烧毁。此次雷达测绘结果显示，金星有两种不同类型的地形。这个星球的大部分地区（约占金星表面的 80%）都呈现起伏不平的地貌，但地势起伏较低，在这一单调的地貌之上，主要有三个高原地区。

美国"麦哲伦号"探测器是在"先锋金星轨道飞行器"的基础上演化而来的，它于 1990 年 8 月进入环绕金星的运行轨道，开始进行高分辨率雷达测绘。该探测器能够识别小至 120 米的地貌特征，但其测量地表高低起伏的精度仅能达到 30 米。到 1992 年 9 月，"麦哲伦号"探测器已经绘制出了 99% 的金星表面地图，揭示出金星是一个已经经历并且仍在经历广泛的地质活动的星球。由许多其他探测器（包括苏联的"金星 11 号"、"12 号"、"15 号"和"16 号"）以及各种地基研究所收集到的有关金星大气和地表的信息都让科学家们相信当前的金星上很可能正在发生重大的火山活动。

空间探测器和软着陆器揭示了金星的表面是整个太阳系中最不友好的地方之一。它的表面热得足以将铅熔化，地表大气压力与地球海底 1000 米处的大气压力相当。此外，金星上偶尔还会有火山喷发，引发整体性酸雨。第一个在如此恶劣条件下抵达金星地表的软着陆器是苏联的"金星 7 号"，它在 1970 年 12 月软着陆在金星表面。虽然"金星 7 号"的结构像坦克一样坚不可摧，但它在金星地表只存活了 23 分钟，而后就被灼烧毁掉了。之后又有 7 个"金星"系列探测器成功在金星上软着陆，其中一些向地球发回了金星上的自然火山景观照片，并对土壤进行了采样。但是，所有这些探测器都在很短的时间内毁于金星可怕的地表环境。

目前，以及在可预见的未来，人类都将会通过环绕金星运行的空间探测器来开展对金星的科学研究。2006 年 4 月，欧洲航天局的"金星快车"空间探测器进入了环绕金星运行的 24 小时椭圆准极轨道。在其额定的 500 天任务期间（大约两个金星上的恒星日），该探测器将对金星展开一系列的全面观测，旨在更深入地了解这颗行星的大气层是如何运作的。"金星快车"上装载着一系列仪器，可以用来研究金星的云系、大气层、磁场、等离子体环境及其与太阳风的相互作用。尽管该探测器没有携带雷达测绘设备，但通过其上配备的 VIRTIS（可见光和红外热成像光谱仪）也能够测量金星的一些表面特性。VIRTIS 将会搜索与"金星地表和大气层之间的相互作用"有关的变化；绘制出这颗行星的地表温度图，从而通过搜寻"高温点"找到可能是活火山的地方；此外，它还将搜索金星上的地震波。金星上的地震波到达地表后，将以声波的形式传播，经由金星中间层（距离地表 65~100 千米之间的大气层）放大，最终传到"金星快车"探测器。此前，"金星快车"向地球传回了一个令人振奋的早期观测结果——在金星的南极上空发现了大型成对的大气涡旋。

日本航天局计划在 2010 年发射气候轨道器 PLANET-C，以近距离观测金星的大气层。该气候轨道器将运行在一个近似"金星快车"环绕金星的椭圆轨道上，监测这颗行星的气象现象，并对金星表面进行红外成像。

时间来到 21 世纪初，尽管我们对水星和金星已经有了很多的了解，但是，对这两颗离太阳最近的行星，还有很多与之有关的科学问题需要我们去发现。我们将会知道：对这两颗行星的业余观测、绘图和成像仍然是人类合理的科学追求，同时也是完全令人感觉愉快的活动。虽然开展这种活动往往会在许多方面面临挑战，但终归会对人有所启发。

彼得·格雷戈

英格兰，雷德纳尔，2007 年 5 月

第二章

人类目前对水星的认识

2.1 水星的公转轨道

水星的公转轨道到太阳的平均距离为 57,909,176 千米（0.3871 天文单位①，或 3.22 光分），其恒星轨道周期（从遥远恒星处看，水星绕太阳公转一圈所需的时间）为 87.99 天。水星与太阳的实际距离在 46,001,272 千米（0.3075 天文单位，水星在近日点）和 69,817,079 千米（0.4667 天文单位，水星在远日点）之间变化。它的平均轨道速度是每秒 47.36 千米。在近日点，水星的轨道速度最大，为每秒 58.98 千米；而在远日点，水星的轨道速度最小，为每秒 38.86 千米。水星公转轨道是太阳系所有行星公转轨道中最扁的，其偏心率为 0.2056；它与黄道面的夹角为 7.005 度（与太阳赤道的夹角为 3.38 度），这样的轨道倾斜程度远远超过其他任何行星。

从上面往下看，水星的公转轨道会勾勒出一个复杂的"玫瑰花"图案，这是因为它的近日点每世纪会前进 574 角秒（从水星北极看，水星近日点每 25 万年完成一次顺时针绕日飞行）。然而，根据牛顿的万有引力定律计算出来的进动量，与这个数字相差了大约 43 角秒。爱因斯坦的广义相对论解释了为什么水星的近日点会前进，并且我们根据广义相对论计算出来的进动量相当精确，与实际观测结果相符。当水星加速接近近日点时，它的速度增加，根据广义相对论，这会导致其整体相对论质量也增加。相对论质量增加相当于给水星的轨道速度增添上一个小的加速度，这使得水星的实际近日点比经典的牛顿物理学所预测的要稍微靠前一些。

---

① 天文单位，英文缩写为 AU，1AU 代表一个天文单位。

2.2 | 水星的物理尺寸

水星是一颗类地行星，主要由硅酸盐岩石组成；关于这一点，太阳系的全部四颗内行星都一样。水星是八大行星中最小的行星，在太阳系的所有天体中，水星的体积大小排名第 11。

水星的赤道直径为 4879 千米（是地球赤道直径的 0.383 倍），略大于地球赤道直径的 1/3。水星的体积为 610 亿立方千米，是地球体积大小的 1/18。目前，人类还不清楚水星的精确形状，因为它太小了，无法从地球上对其物理尺寸进行准确测量；尽管人们估计它很可能略微偏离球形，是一个三轴椭球体，在其围绕太阳公转的轨道平面上有两个相对的永久凸起。有迹象表明，水星

图 2.1　地球、月球和水星的大小比例图

南北半球可能存在一定程度的不对称性，其南半球比北半球略大。受太阳潮汐力影响，水星上不可避免地重复产生地壳变形，尽管水星有着大量的固体地壳（人们认为水星地壳厚度为100～200千米），可使其地壳变形的振幅不至于很大——可能在1米左右。

水星的表面积约为7500万平方千米，是地球表面积的15%，相当于大西洋的面积，或月球表面积的两倍。木星的卫星甘尼米得（木卫三）、土星的卫星泰坦（土卫六），这两颗自然卫星实际上直径都比水星要大一些，它们的直径分别为5262千米和5150千米，而这两颗遥远的冰雪卫星的质量要比水星的质量小得多。

2.3 水星的质量、密度和引力

　　水星没有天然卫星或人造卫星，因此，它的质量不能借由开普勒第三定律来计算。人们只好依据"水手10号"空间探测器三次飞越水星时受到的引力扰动进行计算，确定出的水星质量约为 3.30×10^{23} 千克（即3.3亿兆吨），是地球的1/18，如此大小的质量使其成为太阳系中质量第九大的物体。水星的平均密度为5.43克/立方厘米，仅次于地球；地球的密度略大，为5.52克/立方厘米；算下来，水星的平均密度是地球的0.983倍。然而，当对重力的影响进行校正后，水星的密度就会比地球的大得多，其未压缩（零压力）的密度为5.3克/立方厘米，而地球的密度仅为4.4克/立方厘米。水星赤道表面重力是地球赤道表面重力的0.284%，水星的逃逸速度为每秒4.435千米。

2.4 ▏水星的自转轴倾斜和自转周期

因为水星的自转轴向它围绕太阳公转的轨道平面倾斜的角度仅有 0.01 度，所以这颗行星上没有季节变化。在水星的天空中，其北天极位于赤经 18 时 44 分 2 秒、赤纬 61.45 度，属于天龙座，处在北极星和织女星的中间位置。北极星目前是地球北半球的极星，但由于岁差现象，织女星将在 12,000 年后替代它成为地球北半球新的极星。虽然水星的北天极没有亮星，但是，非常靠近其南天极的地方却有一颗明亮的绘架座 α 星，该星亮度达到 3.31 星等。

水星每隔 58 天 15 小时 30 分钟仅自转一圈。我们称这一时间间隔为水星的一个恒星日，即水星相对于遥远处的恒星自转一圈所需的时间。水星赤道线速度为每小时 10.89 千米，比地球赤道线速度慢 154 倍左右。

水星每围绕太阳公转 2 圈就会自转 3 圈，这导致其被锁定在 3/2 自转－轨道共振[①]中。这意味着水星每次到达近日点时，其两个半球会交替面向太阳。因此，这颗行星有两个"热极"——赤道上的两个点，经度分别位于 0 度和 180 度——当水星运行到近日点时，太阳光便会直射这两个点。水星表面的温度范围则从两个"热极"处的 740 开尔文（铅在 601 开尔文时熔化），变化到行星暗面的 90 开尔文。像地球和金星这样的行星，其表面温度变化范围受其大气层调节，而水星缺乏足够的大气，因此其

---

① 自转－轨道共振（spin-orbit resonance）是指某一个天体的自转周期和它绕另一个天体的轨道公转周期之间存在简单的整数比关系。

表面温度变化范围更大；在夜间，水星表面会迅速冷却，而在白天，水星表面则会被迅速加热。

如果我们站在水星上，就会发现：太阳从水星赤道上某点升起后，需要大约 44 个地球日（半个水星年）才能到达天顶，之后再过 44 个地球日，太阳才会落下。水星上完整的"一天"，即从这次日出到下次日出，历时 176 个地球日——这比水星的自转周期要长三倍，同时也是水星年的两倍。

在水星赤道上经度为 90 度和 270 度的地方（即距前述"热极"两侧各 90 度处），我们可以观察到一种奇特的日出——当水星处于近日点时，这两个地方会发生"日出之后随即又日落，日落之后随即又日出"这样的现象。站在水星表面的这两个地方去观察太阳，则会发现：太阳需要大约 4 个地球日才能将其大部分身体露出地平线，在此过程中，其视直径会从约 96 角分增加到 102 角分。此刻之后，太阳随即朝向地平线回落，回落过程持续 8 个地球日；而后太阳再一次扭转方向，重新开始上升，上升过程中其视直径慢慢减小；最后，太阳终于在它第一次出现后的第 18 个地球日完全地露出地平线。水星上所观赏到的这种奇特的"太阳舞蹈"在太阳系中不仅是独一无二的，而且似乎也是反直觉的；它产生的机理是，水星在近日点附近时，其绕日公转效果暂时抵消了行星自转效果。如果我们站在水星上与日出地点相对的地方观察太阳，则当水星处于近日点时，便会发现：那里的日落也是一个类似的旷日持久的事情，且日落时太阳在水星天空中的运动过程，正好与我们在日出地点看到的相反。而如果当水星处于近日点时，我们站在"热极"观察太阳，则会发现它似乎在围绕天顶点来回摇摆。

2.5 ┃ 水星的起源

　　为了充分了解太阳及其行星系统的起源，我们有必要追溯到大约 46 亿年前，那时，宇宙的年龄是现在的 2/3。就像今天一样，彼时银河系的螺旋状星体与巨分子云交织在一起。巨分子云是巨大的受引力约束的实体，其直径通常约为 100 光年，由寒冷的星际气体（约占 99%，主要是分子氢，还有一些氦和少量的氮和氧）和尘埃（约占 1%，为硅酸盐颗粒和金属颗粒）组成。

　　其中一个巨分子云嵌入了银河系的一个外旋臂中；而后，来自该巨分子云外的一道波，将这个外旋臂中的一些物质推到一起，形成了许多密度更高的区块。促成这些密度更高的区块形成的那道波，究竟是怎么来的，尚未可知，但是人们想到了一些可能的来源。它可能是由路过的一颗大质量恒星或一个星团的引力牵引产生的，可能是从附近的超新星爆炸中传播出来的，也可能是由附近一颗能量高但寿命短的大质量恒星周围不断增长的热气泡的冲击波引起的。

　　不管这道波的来源是什么，反正最终它使得星际云中的一些物质被调配到一起，形成了一些密度更高的区块。后来，这些密度更高的区块中形成了许多黑暗的球体，它们在自身重力作用下自由坍缩在一起。也许，在受到外来波干扰的星际云中，出现了成千上万个这样的天体。其中一个坍缩的球体，最终演变成了我们的太阳系。

　　一旦坍缩球体的核心温度超过了 10,000 开尔文，那它就会变成一个名副其实的原太阳①。此时，它的直径和目前海王星的轨道一样宽，但是这个球体仍然太冷，无法引发热核反应。在原太阳这一快速旋转的扁平球体周围，有一个宽阔的尘埃和气体盘，它处在原太阳的旋转平面上，直径超过 10 万天文单位（相当于 1.5 亿千米，是地球和太阳之间的距离）。在原太阳形成后约 10 万年，其直径已经缩减到目前水星的轨道般大小。

在靠近新生太阳的地方，也就是现在被内行星占据的区域，原行星盘的温度太高，氢和氦等重量轻的气体无法凝结；但对硅酸盐和较重的金属元素来说，这里的温度较低，足以凝结。在目前木星的轨道之外，距离新生太阳大约 5 天文单位的地方，冰冷物质——水、甲烷和氨——会从原行星盘中凝结出来，形成冰晶。

在原行星盘中凝聚出的小块固体物质，彼此之间会轻轻碰撞，通过附聚的方式粘在一起，形成直径 1 厘米到 10 米的大块物质（类似于今天在土星环中发现的颗粒物）。在这一时期，环绕新生太阳的原行星盘中的物质开始在引力作用下聚集成无数较大的物质团块，这些较大的物质团块便是日后形成行星的"种子"。引力会使得较大的物体像滚雪球一样越滚越大，从而形成山一样大小的星子②。在这个阶段，较大的星子的体积增长速度会加快，于是产生了原行星物体，这些原行星物体日后会成为行星的核心。

因为冰颗粒之间比硅酸盐之间结合在一起的效率更高，所以在外太阳系，其最初的附聚过程效率较高，最终形成了四个非常

---

① 原太阳，指的是形成太阳的弥漫、等温且密度均匀的星际云。

② 星子，中国台湾地区称"微行星"，英文名是 planetesimal；某些太阳系演化理论认为，在太阳系形成的初期，太阳赤道面附近的粒子团由于自吸引而收缩形成的天体称"星子"。

大的原行星的冰岩核心。原木星首先达到了大约十几个地球的质量——这样大的质量足以使原木星通过引力就吞噬掉其绕日公转轨道附近的气体（主要是氢和氦），最终使它达到大约30个地球的质量。原土星、原天王星和原海王星也是按照类似的方式，使得各自的质量越来越大；在它们的冰岩核心外，是引力裹挟来的厚厚的气体层。

在形成太阳的原始球体坍缩后约100万年，原太阳跨过了一个重要的门槛，成为一颗所谓的金牛T型星[①]。尽管此时它的核心温度约为500万度，还不足以引发热核反应，但在引力坍缩的作用下，它的能量输出是惊人的。不过，此时它的能量输出尚不稳定，容易突然出现耀斑，这是因为有物质沿着强大的磁场线被吸进了新生太阳。强烈的太阳风会撞上新生太阳周围的原行星盘，并在垂直于原行星盘的平面上发生偏转，从而产生偶极流[②]，最终将这颗恒星的大部分原始质量喷入星际空间。太阳风卷走了原始星云中的剩余气体，从而阻碍了太阳系巨行星体积的进一步增长。

在重力作用下，新生太阳的核心仍然在收缩，其内部压力和温度变得相当之高——大约为1500万开尔文——以至于最终触发了热核反应，太阳就这样正式诞生了。人们认为，从太阳星云开始坍缩，到太阳正式成为一颗被热核反应点燃的恒星，整个过程花了不到5000万年时间。

无数较小的星子仍然在太阳系中游荡，它们当中许多存留下来后，变成了现今的小行星和彗星。由于木星的引力扰动，在火

---

① 金牛T型星，特指小质量年轻恒星。

② 偶极流，也称"偶极外向流"，意指两股从一颗恒星的两极持续向外流动的气体，与原恒星（年轻、正在形成的恒星）有关。

星和木星之间围绕太阳运行的小行星们，无法聚集形成一个单一的行星大小的天体，只能在小行星主带中作为一颗颗小行星单独存在，其总质量略小于我们的月球。

太阳系原行星盘的残余物质组成了柯伊伯带，它占据了一个广袤的区域——从海王星的轨道向外延伸大约50天文单位都属于柯伊伯带，且柯伊伯带天体大致沿着黄道面分布。然而，这还不是原行星盘残余物质的全部；大量的冰质星子在与木星和土星近距离接触之后，（由于引力弹弓效应）被甩到了太阳系之外，散落在距离太阳5万到10万天文单位之间的球形区域中，被称为奥尔特云。据估计，奥尔特云包含数十亿颗冰质彗星，其总质量在5到100个地球质量之间。

在形成太阳的原始球体坍缩后的大约2亿年里，四颗大小可观的原行星主导了内太阳系，它们便是原水星、原金星、原地球和原火星，这四颗原行星都主要由硅酸盐和金属组成。但它们当中没有任何一颗类地行星能够像巨型外行星那样，体积大到足以吸引足够多的物质环来形成自己的卫星。火星的两颗卫星——火卫一和火卫二，都是后来被火星引力捕获的很小的小行星。像它们这样小的天体，若是被其他类地行星捕获，恐怕只能暂时绕着水星、金星或地球运行，最终很可能因潮汐破坏而坠落到行星表面。

2.6 ┃ 水星地核、地幔和地壳

正如我们前面提到的那样，水星是在靠近炽热且年轻的太阳的周边区域中形成的，因此构成水星的原始物料也仅限于这块区域的原行星盘物质。水星形成之初是一个单一的同质体，但是由于被加热，构成水星的物料就熔化了，并且按照密度大小彼此分离开来，这一过程被称为"分化"[①]。导致水星被加热的因素包括水星内部压力、元素的放射性衰变和小行星撞击产生的热量。分化导致较重的富含铁的物质向行星中心下沉，从而形成水星的地核；而较轻的物质如硅、镁和铝则上升，从而形成水星的地幔和地壳。所有的类地行星都具有类似的内部结构，即有一个金属（主要是铁）核心，周围是硅酸盐地幔，最外面是坚固的岩石地壳。

水星的平均密度高，这是由它的组成成分所决定的——水星被认为是由大约 70% 的铁和 30% 的硅酸盐组成。水星上大部分的铁被包含在一个直径达 3900 千米的巨大地核中，这个地核约占水星体积的一半，其直径约占水星直径的 80%；而水星上的硅酸盐则构成了大部分的地幔和地壳。

在水星分化完成后，其内部构成与今天的水星还是有很大的不同。人们认为，水星的铁质地核很可能是因为被另一颗行星撞击过而得到进一步增强，才最终产生一个与今天的水星在质量和成分上相似的天体。这颗与水星相撞的行星的富铁地核被熔融到了水星地核中；在撞击过程中，所有剩余的挥发性物质都被蒸发

---

① 分化，也称"分异"，英文是 differentiation。

图 2.2　地球和水星内部比较图

掉了，而这两个天体上大量较轻的地壳和地幔则被抛入太空（其中大部分为太阳所吞噬）。人们用一个质量为原水星 1/6 的天体模拟撞击效果，该天体以每小时 12.6 万千米的速度撞向原水星，结果显示：这两个天体的大部分岩石物质被抛入太空，而彼此的富铁内核则融合成一个单一的实体，最终形成一个与今天的水星在质量和成分上相似的天体。

2.7 水星稀薄的大气

　　作为一个体积小且如此靠近太阳的行星，水星的大气层自然远不如金星、地球或火星的大气层那么厚实，这一点并不令人惊讶。在水星形成之后，纵使它可能曾经拥有过充足的大气，但这些大气也很快就会消散在太空中。

　　水星表面的大气压力约为 10^{-15} 巴[①]，是地球海平面大气压力的万亿分之一，所以，水星上的大气其实少得可怜，几乎与真空无异。从组成成分上看，水星大气包含 42% 的氧、29% 的钠、22% 的氢、6% 的氦、0.5% 的钙和 0.5% 的钾，当然，这些元素所占比例都不是固定不变的。水星上也可能存在微量的二氧化碳、水、氮气、氩气、氙气、氪气和氖气。

　　然而，水星的大气层绝非一个稳定的气体包络层——其中的原子在不断地流失，又在不断地被补充进来。水星大气中的氢原子和氦原子可能来自太阳风，它们在水星的磁层停留了一段时间后又飘向太空。其他大气成分则来自水星地壳——由于受到来自太阳的高能光子和离子的冲击以及微流星体的撞击，水星地壳会释放出这些大气成分。水星大气中的氦、钠和钾也可由地壳内元素的放射性衰变产生；同时，由于地壳深层裂缝的脱气作用，水星上偶尔也会喷出大量的含硫气体。偶然撞上水星的彗星核会释放出大量的水蒸气和其他挥发性物质，这些物质在水星没有光照的半球上会被冻结起来，而一旦那个半球表面受到阳光照射，其中大部分被冻结的物质就会升华。不过，也有强烈的迹象表明：在水星北极那永远充满阴影、阳光照射不到的深坑中，长期覆盖着水冰。

---

① 巴为压强单位，1 巴等于 100 千帕。

2.8 水星磁场

　　水星有一个巨大的偶极磁场，和地球一样，有正负两极。还与地球相同的是，水星的磁轴与其自转轴并不完全重合，它们彼此交错从而形成一个 14 度以内的夹角。水星的磁场强度约为 0.002 高斯——约为地球磁场强度的 1%。这意味着水星磁场是通过内部发电机机制（机械能被转换为磁能）产生的，但这种机制在水星内部究竟是如何诞生的，人们还不甚明了。水星在八大行星中身躯最小、自转最缓慢，但是却拥有一个活跃的磁发电机，如果要解释这一现象，那么，它需要有一个熔融的核心，而目前关于水星的大多数模型都缺少这样一个核心。尽管人们认为在很久以前水星的内核就已经凝固了，但是有可能存在这样一种情况：水星的固体地壳与内核被一个流体地幔分开，这样就相当于水星有了一个外部是液态但内部是固态的核心，从而可以产生发电机效应。另外，也有人认为水星的磁场来源于其富铁地壳的剩余磁化，或者它是由太阳磁场与水星地核之间的相互作用产生的。但是，这两种模型，特别是水星固有剩余磁化模型，都不能解释为何人们实际观测到的水星磁场强度是那般大小。

　　水星的磁场太弱，无法产生一个能够捕获高能带电粒子的辐射带（如地球的范·艾伦带[①]），与此同时，太阳风的压力还扭曲了水星磁层的几何形状。水星的磁场向太空延伸了一段距离，使得太阳风发生偏转并减速，同时产生了一种被称为"弓形激波"

————————————

① 范·艾伦带，也称"范·艾伦辐射带"。

的冲击波。弓形激波的前端（与太阳在一条直线上并面向太阳的部分）距离水星表面约 1.5 个水星半径，而磁层顶（水星磁场的边界）的前端距离水星表面不到一个水星半径。在背向太阳风的那一侧，水星磁场被拉伸成一个长长的磁尾，这个磁尾可能长达15 个水星半径。

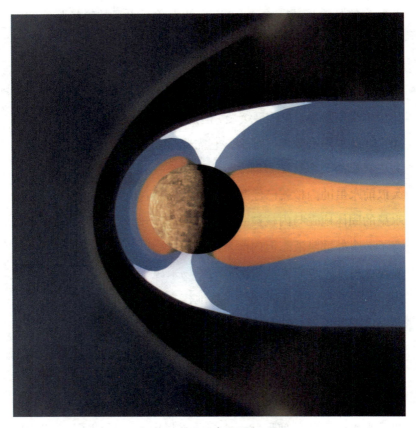

图 2.3　水星固有的偶极磁层

2.9 水星表面变迁

　　根据相对年龄，我们可以将水星的地质史划分为几个不同的时期，即前托尔斯泰纪（PT）、托尔斯泰纪（T）、卡洛里纪（C）、曼苏尔纪（M）和柯伊伯纪（K）。托尔斯泰和卡洛里是水星上的两个大型多环小行星撞击盆地，其主环直径分别为 510 千米和1340 千米；曼苏尔和柯伊伯是水星上的两个撞击坑，其直径分别为 100 千米和 62 千米。

　　前托尔斯泰纪始于 46 亿年前，是水星地质史中的最早阶段。那时，水星原始地壳外层绵延几百千米的全球熔化可能形成了一个"岩浆洋"，与曾经覆盖了我们的月球的岩浆洋类似。这会导致水星产生进一步的分化，使得低密度的斜长石矿物上升到地壳的最外层，从而形成像月球那样的主要由斜长岩构成的地壳。

　　早期水星地壳上的环境很不稳定，流星体和小行星不断地撞击着这颗星球，就像是对原来的水星地壳进行"喷砂"处理，随着时间的推移，就产生了严重坑洼的地形，这构成了水星最古老的地质单元。这种古老的严重坑洼的地形在现今水星的表面仍然显而易见。在目前已知的水星的 23 个大型多环盆地（详见下表）中，有 21 个都是在前托尔斯泰纪由于受到小行星撞击而形成的。

表 2.1　水星上的多环撞击盆地

盆地名	盆地中心位置	年龄	环直径（千米）
1. 卡洛里	30°N, 195°W	C	630, 900, **1340**, 2050, 2700, 3700
2. 托尔斯泰	16°S, 164°W	T	260, 330, **510**, 720
3. 凡·爱克	44°N, 159°W	PT	150, **285**, 450, 520
4. 莎士比亚	49°N, 151°W	PT	200, **420**, 680
5. 索贝克	34°N, 132°W	PT	490, **850**, 1420
6. 布拉姆斯-左拉	59°N, 172°W	PT	340, **620**, 840, 1080
7. 安藤广重-马勒	16°S, 23°W	PT	150, **355**, **700**
8. 梅纳	1°S, 129°W	PT	260, 475, 770, 1200
9. 蒂尔	6°N, 168°W	PT	380, 660, 950, **1250**
10. 安达尔-柯勒律治	43°S, 49°W	PT	420, 700, 1030, **1300**, 1750
11. 马蒂斯-雷平	24°S, 75°W	PT	410, **850**, 1250, 1550, 1990
12. 文森特-巴尔玛	52°S, 162°W	PT	360, **725**, 950, 1250, 1700
13. 艾特克-米尔顿	23°S, 171°W	PT	280, 590, 850, **1180**
14. 北方平原	73°N, 53°W	PT	860, **1530**, 2230
15. 杰尔查文-胡安娜	51°N, 27°W	PT	**560**, 740, 890
16. 布德	17°N, 151°W	PT	580, **850**, 1140
17. 易卜生-彼特拉克	31°S, 30°W	PT	425, **640**, 930, 1175
18. 霍桑-里门施奈德	56°S, 105°W	PT	270, **500**, 780, 1050
19. 格鲁克-贺尔拜因	35°N, 19°W	PT	240, **500**, 950
20. 宗-高更	57°N, 106°W	PT	220, 350, 580, **940**
21. 多恩-莫里哀	4°N, 10°W	PT	375, 700, 825, **1060**, 1500
22. 巴托克-伊夫	33°S, 115°W	PT	480, 790, **1175**, 1500
23. 萨迪-斯科帕斯	83°S, 44°W	PT	360, 600, **930**, 1310

相对年龄：C 代表卡洛里纪；T 代表托尔斯泰纪；PT 代表前托尔斯泰纪。直径中的**粗体字**代表多环盆地的主环直径。以上数据来源于书籍《多环撞击盆地地质学》（*The Geology of Multi-Ring Impact Basins*），保罗·斯普蒂斯（Paul Spudis）著，剑桥大学出版社 1993 年出版。

人们已经通过各种评判标准，将这些古老的水星撞击盆地及其同心环识别了出来，包括山脉、在较年轻地质单元上突起的孤立地块、弧形的裂谷和悬崖，以及在严重坑洼地区发现的高起伏的孤立地形特征。类似的评判标准也被用于识别月球上古老的、被侵蚀的多环盆地。在这个遭受小行星猛烈轰击的时期，水星内

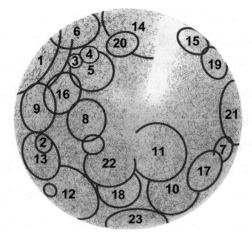

图 2.4　水星半球地图（中心是西经 10 度），
图中显示了水星上已知的主要撞击盆地的主环。

部的熔融物质冲破了地壳的薄弱部分，以熔岩流的形式遍布地表，填满了现有的盆地，并形成了一些宽阔的火山口间平原，覆盖或是掩埋了先前存在的大部分火山口景观。火山口间平原是水星上最普遍的地貌景观。在大约 40 亿年前，水星上的大范围火山活动达到了顶峰。

在远离太阳系中心的地方发生的事件，似乎对包括水星在内的类地行星产生了巨大的影响。人们认为：那时，数百万小行星都受到了太阳系气态巨行星的引力干扰——也许是由于木星轨道变化引发，从而破坏了小行星带，或者是因为后期天王星和海王星的形成过程，破坏了更远的天体碎片区域。最终导致数百万小行星被引向内太阳系，使得水星、金星、地球和月球进入了猛烈的受撞击期，时间从大约 40 亿年前持续到 38 亿年前，这一时期被称为晚期重轰击[1]。

———————————————————
① 晚期重轰击，也称"晚期重轰炸""后期重轰炸期"。

晚期重轰击见证了水星托尔斯泰纪的开始，在小行星的猛烈撞击下，水星赤道附近形成了托尔斯泰多环盆地；这场撞击最终以 38 亿年前的卡洛里撞击宣告结束，卡洛里撞击造就了水星历史上最重要的一个地质标志——卡洛里盆地，其同心环分布到了整个水星半球的大部分地区。卡洛里盆地辐射线上的许多线状地貌、山谷和陨石坑链等都已经被辨识出来。今天，卡洛里盆地最明显的地形要素是该盆地的主环，直径约 1340 千米，以卡洛里山脉作为其标志。卡洛里撞击产生的巨大压缩地震波，不仅穿过了水星地壳，波及水星全域，还直接穿过了水星的地幔和地核，将其能量集中在了与卡洛里盆地中心相对的点上。这些集中的冲击波扰乱并破坏了水星上先前存在的地形特征，产生了一种怪异的多丘地貌。

在水星内部深处，存在着另一种不同形式的活动，它对这颗星球的表面地形产生了进一步的影响。随着内核的冷却，水星缩小了，其直径大约减少了 3 千米。地壳向水星自身挤压，因而产生了巨大的全球性地壳压力，于是导致形成了广泛的逆冲断层。这些逆冲断层干净利落地将先前存在的地形、山脉和火山口切分开来，形成了巨大的峭壁和叶状悬崖，它们通常长达数百千米，高达 3000 米。

水星最年轻的地形是平坦的平原，这些平原约占水星表面的15%。平原处陨石坑数量少，而且到处都有像褶皱脊这样挤压形成的地貌，因此其组成比较均匀。有人认为，平坦的平原是撞击喷出物形成的厚厚的覆盖层，类似于在月球上发现的"凯利形成"。然而，有关这些平原起源的证据有力地证明是卡洛里撞击引发的全球性火山活动塑造了它们。当时形成了一些平坦的火山平原，散布在水星部分表面，例如绥塞平原、奥丁平原和蒂尔平原。

在这最后一次火山活动之后，水星地壳得到进一步巩固，内核则冷却并已基本凝固。之后，除了偶尔的流星体、小行星和彗星撞击外，从地质学角度看，水星上一直保持平静。没有大规模的火山活动和被撞击率的迅速降低，标志着水星进入了曼苏尔纪，该时期大约从 35 亿年前持续到 10 亿年前。在这一时期，很可能有彗星核撞到了水星北极附近；目前存在于水星北极附近永久阴影陨石坑内的大部分冰，应该就是那时候由彗星核撞击所带来的。大约 10 亿年前，柯伊伯陨石坑的形成标志着当前时代（柯伊伯纪）的开始。柯伊伯陨石坑与许多在这一时期形成的相对较小的年轻陨石坑一样，呈现为一个明亮的辐射状分支系统。

表 2.2　一些典型的水星地质特征示例

类型	名称	规模（千米）	地点	类型缩写	年龄
1. 陨石坑（柯伊伯纪）	柯伊伯	d.62	11°S, 31°W	I	K
2. 陨石坑（曼苏尔纪）	曼苏尔	d.100	48°N, 163°W	I	M
3. 陨石坑（卡洛里纪）	马尔希	d.70	31°N, 176°W	I	C
4. 陨石坑（托尔斯泰纪）	易卜生	d.159	24°S, 36°W	I	T
5. 叶状悬崖（峭壁）	发现号峭壁	l.550	56°S, 38°W	T	C
6. 山谷（山谷群）	金石山谷	l.150	16°S, 32°W	I	PT
7. 光滑平原	陀思妥耶夫斯基	d.411	45°S, 176°W	I/V	PT/C
8. 暗晕环形山（DHC）	巴绍	d.80	33°S, 170°W	I	K
9. 山脉（山峰）	卡洛里山脉	l.2000	39°N, 187°W	I/T	C*
10. 丘状平原	卡洛里平原	w.800	31°N, 190°W	V/T	C
11. 线性地形	凡·爱克周边区域	w.800	43°N, 159°W	I	C
12. 古怪地形	彼特拉克周边区域	w.800	30°S, 30°W	T	C
13. 山脊（山背）	莎士比亚山脊	l.300	23°N, 164°W	T	C
14. 古老多环盆地	菩提	d.850	17°N, 151°W	I	PT
15. 多环盆地	卡洛里	d.1340	30°N, 195°W	I	C

类型缩写：I 代表撞击型、V 代表火山型、T 代表构造型。年龄：K 代表柯伊伯纪、M 代表曼苏尔纪、C 代表卡洛里纪、T 代表托尔斯泰纪、PT 代表前托尔斯泰纪。

* 已知的卡洛里山脉东段长度。该山脉的实际范围目前尚不清楚，但如果它环绕整个卡洛里盆地，估计其总长度约为 4000 千米。

表 2.3　水星上经度在 10°W~190°W 之间，直径大于（等于）200 千米的大陨石坑

名称	直径（千米）
贝多芬	643
陀思妥耶夫斯基	411
托尔斯泰	390
歌德	383
莎士比亚	370
拉斐尔	343
荷马	314
莫奈	303
毗耶娑	290
凡·爱克	282
莫扎特	270
海顿	270
雷诺阿	246
普希金	231
罗丹	229
瓦尔米奇	221
雷恩	221
米开朗琪罗	216
巴赫	214
门德斯·平托	214
维瓦尔第	213
肖勒姆·阿莱克姆	200

表 2.4　水星上一些明亮的辐射状陨石坑

名称	备注
柯伊伯	直径62千米
未命名	位于30°S, 49°W
斯诺里	直径19千米
科普利	直径30千米
未命名	直径20千米, 位于契诃夫以西
勃朗特/德加	一对明亮的陨石坑, 直径分别为63千米和60千米
未命名的小陨石坑 位于8° S, 105°W 射线向四面八方辐射 长达数百千米	直径20千米
未命名	明亮的双陨石坑 周围有一个亮斑 位于30°S, 49°W

2.10 ┃ 水星地貌命名法

　　水星与所有类地行星及其卫星、气态巨行星的卫星和已经被近距离成像的小行星一样，表面显露出一系列永久性的地貌特征。我们可以很容易地从地球上通过观察阳光照射在月盘上的情况，来辨识出月球的地貌特征（至少是面向地球的那一面的地貌特征），但是除了月球之外，我们对其他地外天体地貌特征的了解才刚起步——半个世纪前，我们才开始通过行星际空间探测器来对它们进行近距离成像。而在此之前，我们对太阳系中较远天体的表面的了解，仅限于通过光学望远镜来进行目视观察和摄影。

　　然而，纵使是用最敏锐的眼睛在望远镜目镜前观察，或是通过地基望远镜进行最佳摄影成像，我们也只能看出：行星上（在某些情况下，也能在木星的四个伽利略卫星上观测到）有亮度不同的区域。我们之所以会观察到这些色调变化，是因为天体上不同区域的反照率（天体表面某个区域的实际反射率）不一样，同时，色调变化也取决于太阳光照射到天体上的角度。就观察水星和金星等内行星而言，太阳光照射到它们上的角度尤其重要，因为它们会显现出明显的相位变化；在明暗界限（行星被完全照亮部分和完全未被照亮部分的分界线）处，从被照亮一侧到未被照亮一侧，通常会明显地变暗。

　　可能需要说明的是，在一些特殊情况下，人们已经从地球上通过肉眼直接瞥见了水星和火星的一些实际地貌特征。关于水星，一些观测者报告说，他们发现了一个不规则的明暗界限，甚至说看到了充满阴影的环形山，这就如同通过一个非常小的望远镜或者观剧镜①看见了月球的南部高地。这些观测结果，无论观察者本身多么可靠，都是极个别的例子，而且观测结果之间缺乏一致性，难以核实，因此，相关地貌特征从未被纳入水星的"官方"地图。在"水手号"空间探测器被发射之前，人们所有通过视觉观测制作出来的水星地图，其实都是基于比实际水星更大且更经常被观测到的水星反照率特征制作的。

一些著名的观测者制作了他们自己的水星地图，并在这些地图上构建了一套他们自己的命名系统。乔瓦尼·夏帕雷利（Giovanni Schiaparelli）1890 年和尤金·安东尼亚迪（Eugene Antoniadi）1934 年绘制的地图，以及后者设计的大部分命名法，成为后来"水手 10 号"飞掠水星前由国际天文学联合会批准的行星地图的基础。在观测者自己制作的地图中，亨利·卡米奇尔（Henri Camichel）和奥杜安·多尔菲斯（Audouin Dollfus）1955年制作的地图以及约翰·默里（John Murray）1971 年制作的地图，也值得一提。

安东尼亚迪的命名法是基于古埃及和古希腊神话的。例如，水星赤道以南的一大片昏暗地区被命名为 Solitudo Hermae Trismegisti（赫尔墨斯·特里斯墨吉斯忒斯荒野），而其他昏暗地区被命名为 Solutudino Perse-phones（珀耳塞福涅荒野）、Solitudino Atlantis（阿特拉斯荒野）和 Solitudino Aphrodites（阿芙洛狄忒荒野）等。这些地区之间较亮的地方被命名为 Pleias（普勒阿得斯之地）、Liguria（吕枯耳戈斯之地）、Phaethontias（法厄同之地）、Pentas（彭透斯之地）和 Apollonia（阿波罗之地）。

---

① 观剧镜是一种小型双筒望远镜。

遗憾的是，这些通过反照率特征标记出的地形被发现与水星的实际地形没有什么关系。水星表面与月球表面完全不同，在月球表面，被标记为昏暗地区的通常代表着熔岩泛滥的多环撞击盆地，而被标记为明亮地区的大多是火山口高地。在水星上，古老的洪水盆地、平坦的地形和火山口之间的平原，它们在反照率方面与更严重坑洼的火山口和山地之间并没有那么大的差别。相反，人们将从水星上观察到的标记并在一起，主要是因为这颗行星上由年轻的陨石坑发出的明亮射线系统性地叠加到了一起。

在 1973 年的年度大会上，国际天文学联合会明智地放弃了旧的命名系统，取而代之的是由行星系统命名工作组设计的新命名系统，它也是下文在水星地形综述中我们所提到的命名系统。尽管如此，天文学界仍然承认业余地基望远镜工作的重要性，而且天文学组织认可使用基于反照率标记的命名法，该命名法是基于安东尼亚迪命名法的。火星地形的命名情况与此类似，其上许多反照率特征标记往往与该行星的地形特征毫无关系。不过，使用望远镜观察火星的人更愿意使用夏帕雷利设计的旧命名法，而行星科学家则使用基于该行星地形的国际天文学联合会批准的现代命名系统。

水星上大多数陨石坑的名字都取自著名作家、艺术家和音乐家。例如，我们发现伟大的剧作家威廉·莎士比亚、艺术家杨·凡·爱克和乌斯塔德·曼苏尔都挤在水星北半球，而路德维希·凡·贝多芬则处在水星南半球的一个非常好的位置，他附近的“听众”包括马克·吐温和阿诺德·勋伯格。在水星上，有两个值得注意的例外，即名为柯伊伯和亨卡尔的陨石坑。亚利桑那大学的杰拉德·柯伊伯（Gerard Kuiper）是最初“水手 10 号”成像小组的成员，他在“水手 10 号”探测器首次飞掠水星前不久去世。亨卡尔是古代玛雅人对数字 20 的称呼（玛雅人的编号系统以 20 为基础），被选来用于命名水星 20 度经线经过的陨石坑。这个陨石坑的中心被用来定义水星的经度系统，就像地球上使用格林尼治来定义地球经度系统一样。

目前，国际天文学联合会为 40 种不同类型的行星地貌明确了相应的通用术语。在这个通用术语列表中，有 5 个被应用于表示水星特征，即 Vallis、Rupes、Dorsum、Planitia 和 Montes：

Vallis（复数 Valles），意为山谷。水星上的山谷都是以地球上的射电望远镜命名的。它们包括阿雷西博山谷、金石山谷和海斯塔克山谷，每一个山谷都在水星表面的雷达测绘地图上占据了显著位置。

Rupes（复数为 Rupee），意为峭壁。这个名字以用于探索和科学研究的著名船只命名，它们包括发现号峭壁（以库克船长带领的穿越太平洋的最后一艘船命名）、维多利亚号峭壁（以麦哲伦的船命名）和东方号峭壁（以贝林豪森的南极船命名）。

Dorsum（复数 Dorsa），意为山脊。山脊的名字不来自任何特定的团体，但有两个被命名为安东尼亚迪山脊和夏帕雷利山脊，是以上述天文学家的名字命名的，他们都在绘制水星地图中发挥了重要作用。

Planitia（复数 Planitiae），意为平原。各种语言中对水星的称呼，以及古代文化中与水星有关的神都被用于命名平原。它们包括 Odin（北欧神话中的水星之神）平原、Tir（水星的波斯语）平原以及 Budh（印度语中的水星）平原。不过也有例外，Borealis（拉丁语，意为北方平原）平原源自一个显著的反照率特征的古典名称，而 Caloris（拉丁语，意为炎热平原）平原则是指其位于水星的一个热极。

Montes（单数 Mons），意为山脉。到目前为止，只发现了一个水星山脉，即 Caloris 山脉，已经被正式指定以其所处的平原命名。然而，水星上很可能还有几十条山脉，除了单一山体外，国际天文学联合会今后还将指定其他山体的名称。

2.11 已知的水星表面综述

　　人们将水星描述为一个"自相矛盾"的星球，其外表与月球相似，但内部却像地球。虽然水星的大部分表面与我们的月球表面相似，但是，在水星上发现的地形范围和它们的生成模式却与月球有着很大的不同。

　　人们在不经意间首先注意到的是水星表面的严重坑洼特征，水星上的大多数坑是受小行星撞击后形成的。许多撞击坑显然非常古老，被严重侵蚀过，被较年轻的特征覆盖，包括较年轻的撞击坑及其喷出物；许多古老撞击坑的表面也被熔岩流所覆盖。水星上原始形态或充满熔岩态的大型多环撞击盆地，像在月球上发现的那些一样，乍一看可能并不明显。人们对水星表面进行了更仔细的检查，揭露出水星上曾经发生过一系列复杂的受撞击事件（其中一些是大规模的撞击），两次不同的熔岩泛滥事件，以及一场行星收缩所带来的全球性地壳调整。

　　一些较年轻的陨石坑位于显著的浅色辐射线系统中心，该系统由撞击过程中抛出的喷射物组成。这些喷射物主要由粉碎的基岩组成，再加上一些在撞击时被蒸发掉的原始撞击物，这些物质本身对周围环境产生了影响，形成了二次撞击特征，并影响了水星风化层。与月球上类似大小的年轻辐射线状陨石坑相比，水星上的这些陨石坑辐射线细长且范围较小，间接证明了水星的引力影响——水星的引力是月球的两倍。

　　水星大约有一半的表面特征已经被拍摄成图像并绘制成地图，本书接下来对水星地形特征的综述也仅限于这些区域。对水星另一半的表面特征进行推测当然也是可以的，但是在得到任何权威回答之前，我们还是应该等待进一步的相关特写图像证据（希望在不久的将来能够得到），这样做也许是最明智的。

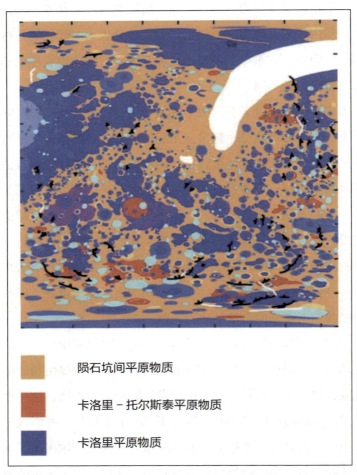

🟫	陨石坑间平原物质
🟥	卡洛里－托尔斯泰平原物质
🟦	卡洛里平原物质

图 2.5　已知的水星半球地质图，显示了早期地壳凝聚、撞击（包括许多主要盆地的形成事件）、熔岩流、地壳变形和断层等复杂历史中最明显的地质单元。

2.12 ┃ 水星半球四大区域

　　为了对水星地形进行详细综述，已知的水星半球（"水手 10 号"对其进行了详细成像）被划分为四个面积大致相等的区域，每个区域的面积约为 1000 万平方千米。

　　我们从斯特拉文斯基地区（东北象限）开始综述，该地区是水星北半球从赤道到北极的一大片区域，经度范围从 10°W 到 100°W。接着是水星南部的雷诺阿地区（东南象限），该地区纬度范围是从赤道到南极，经度范围从 10°W 到 100°W。然后是

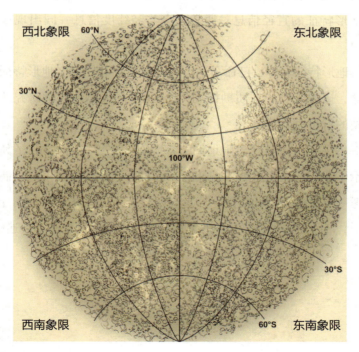

图 2.6

位于水星北半球的莎士比亚地区（西北象限），其纬度范围是从赤道到北极，经度范围从 100°W 到 190°W。最后，是位于水星赤道以南的贝多芬地区（西南象限），其经度范围从 100°W 到 190°W。

我们对每一个区域都按照从东到西、从北到南的总体顺序进行综述。在本书中，我们使用较大的地形特征作为主要参考点，对靠近这些主要参考点的其他地形特征，按照从北到东、顺时针的顺序进行描述。为了使描述顺畅，需要制定一些叙述规则，且这些规则必须具有一般性，同时，在必要时有一些插叙，描述相邻地区时会有一些重叠。在初次提及每个特定地形特征的时候，都是使用**黑体字**；在大多数情况下，该地形特征中心点的经纬度会紧随其后，在括号内标注出，且以最接近的整数度数为准。该地形特征的直径信息，通常也会与经纬度信息一同出现在括号中。

地形特征名称、已命名地形特征的坐标和已命名地形特征的尺寸，来源于美国地质勘探局（USGS）的天体地质学研究计划网站的行星命名辞典。

每一个水星半球象限地图，都附有一张"旅游地图"，其上显示了我们叙述水星地形特征的一般过程。在阅读本书时，偶尔参考一下这些地图和图片，读者会发现：有了这些地图和图片的指引，自己在这个神秘的、布满陨石坑的小星球上几乎不会迷路。

2.13 水星半球东北象限地区

斯特拉文斯基地区：水星上的《火鸟》[1]

东北象限地区覆盖了水星北半球的一大部分，纬度范围从赤道到北极，经度范围从 10°W 到 100°W。这个象限地区的大约 1/10 区域——面积约为 100 万平方千米，宽约 500 千米，从**维瓦尔第**陨石坑（15°N，86°W，直径 213 千米）向东北方向延伸至 70°N，10°W——由于探测器摄影装置没有覆盖到这片区域，因此目前还不为人所知。在已知的水星表面，东北象限地区被与古代主要撞击盆地同心的多个环切割得最少。赤道以北的一个宽阔连续区域，覆盖了东北象限地区的大约一半，人们在此没有发现盆地同心环切割地壳的地质情况。

广袤的**北方平原**（73°N，80°W）几乎占据了整个东北象限地区。这个光滑的平原面积约为 75 万平方千米，可能是在 38 亿年前（连同水星上的其他一些平原）由卡洛里撞击引起的全球性火山活动所形成。水星上先前存在的严重坑洼特征，在大量的山脊中显得很明了，这些山脊似乎可以被用来追踪埋在北极熔岩流下的陨石坑边缘形状。明亮的条纹从多个方向穿过北方平原，整个平原上有许多年轻的撞击坑，呈现为微小的亮点，其外观类似于月球上的琳恩陨石坑及其在澄海[2]的明亮喷射物环。

歌德陨石坑（79°N，45°W）是一个古老的陨石坑，宽约

---

① 《火鸟》是令斯特拉文斯基成名的芭蕾舞剧。

② 澄海是月球上位于雨海东面的一个月海。

383 千米，位于北方平原北部。它的坑壁很低，而且受到严重侵蚀，只有南部的坑壁被从南部漫延到陨石坑底部的熔岩流所冲破并被淹没。坑壁的北部和西部宽广无垠，有许多结构表明其类似于梯田，其侧面有一些环绕着的辐射线状物和链状陨石坑。歌德陨石坑的表面相当光滑，而且由于被淹没过，其熔岩填充物可能产生于火山活动的后期阶段。歌德陨石坑中还有许多小褶皱脊，其中一些似乎勾勒出了被掩埋的陨石坑，即几个较新的陨石坑，它们共同点缀着歌德陨石坑表面。一些喷出物的条纹穿过歌德陨石坑，它们可能来自一个明亮的、年轻（未命名）的直径为 15 千米的撞击坑，该撞击坑位于**高更**陨石坑（66°N，96°W，直径 72 千米）西南约 70 千米处，在歌德陨石坑的西南约 700 千米处。在歌德陨石坑的北边缘之外，就是**亚里士多塞诺斯**陨石坑（82°N，11°W，直径 69 千米），它是目前水星上已被命名的、最北的陨石坑。

歌德陨石坑以南是深邃且突出的**董源**陨石坑（74°N，55°W），这是一个不同寻常的拉长型陨石坑，长达 64 千米，有块状的外部壁垒和中央山峰；可能是一个大型撞击坑叠加在另一个大型撞击坑上面，才造成了其现今的形状，也有可能是由双小行星几乎同时撞击水星此处才造成的。在歌德陨石坑的西边缘之外，是**德普雷斯**陨石坑（81°N，91°W），这是一个保存完好的撞击坑，宽约 50 千米，外观类似于月球上的布利奥陨石坑。

水星北方平原的南部是**蒙特威尔第**（64°N，77°W），这是一个直径 138 千米的陨石坑，其北侧坑壁已经被北极平原的熔岩流所掩盖，但是，其南侧边缘仍然清晰可见。它的南面，是**鲁本斯**（60°N，74°W），这是一个古老的陨石坑，宽约 175 千米，其严重坑洼的表面帮助它躲过了后来影响了其北部相邻陨石坑（蒙特威尔第）的熔岩洪流。

在这片未知地带的东边，是地势平坦的北极平原，但越往东，坑坑洼洼的地形也越来越多。**胡安娜**陨石坑（49°N，24°W，直径 93 千米）是北方平原不规则的东部边界的一部分。该地区小陨石坑的密度在**莫奈**（44°N，10°W）陨石坑周围达到最大，这是一个直径 303 千米的泛滥盆地，位于我们已知的北方平原东部边界。该地区布满了山脊和断层，表明有两个古老的盆地存在：**杰尔查文－胡安娜**盆地（非官方名称）的中心位置是 51°N，27°W，它有一个直径约 560 千米的主环；另一个**格鲁克－霍尔宾**（非官方名称）盆地，其主环大约有 500 千米宽，中心位置是 35°N，19°W。这个地区较小的陨石坑有**格鲁克**陨石坑（37°N，18°W，直径 105 千米）、**埃切加赖**陨石坑（43°N，19°W，直径 75 千米）和**格里格**陨石坑（51°N，14°W，直径 65 千米）。这些陨石坑大都轮廓分明，边缘锐利，中心隆起。

在上述水星未知地带的东边，北方平原被**维多利亚号峭壁**（51°N，31°W）切开；维多利亚号峭壁十分巨大，它向南延伸了 400 千米，绕过了 159 千米长的**杰尔查文**陨石坑（45°N，35°W）的东侧外壁。这个巨大的、有点蜿蜒的断层地形特征似乎与其南部紧邻的**奋进号峭壁**（38°N，31°W）在地质上有联系。奋进号峭壁向南蜿蜒了 300 千米，在**贺尔拜因**陨石坑（36°N，29°W）以西不远的地方终止。杰尔查文陨石坑和贺尔拜因陨石坑都有坚固的岩壁，可以看到内部的梯田、外部的山脊和沟壑地貌，并且它们都有相对年轻的熔岩填充的表面。再往南，**安东尼亚迪山脊**（25°N，31°W）在坑坑洼洼的地形中蜿蜒前行，将许多不同的地形特征分割开来。这条山脊显然是在水星直径轻微收缩时形成的一个挤压脊[①]：水星直径轻微收缩过程中，地壳皱缩并扭曲了旧

---

① 挤压脊，大型走滑断层的转换挤压带的上升区。

的地形特征。

雷恩（24°N，35°W，直径221千米）是一个被高度侵蚀的双环陨石坑，在所有已获命名的水星地形特征中，它是最不容易被辨识出的地形特征之一，位于安东尼亚迪山脊西部。在它的西北部和西部是一片未知区域，上面覆盖着一层沿着"西南—东北方向"蔓延分布的明亮喷出物。这里有一些大的陨石坑，包括**雨果**陨石坑（39N，47W，直径198千米）、**委拉斯开兹**陨石坑（38°N，54°W，直径129千米）、**关汉卿**陨石坑（29°N，52°W，直径151千米）和**伯拉克西特列斯**陨石坑（27°N，59°W，直径182千米）。其中，伯拉克西特列斯陨石坑是一个特别明亮的地形特征，因为它上面布满了明亮物质的灰尘。

贺尔拜因陨石坑的东南方向有一大片相对平滑的未命名平原。在这个平原的南部，是令人印象深刻的双环盆地——**罗丹**陨石坑（21°N，18°W），其外环直径为229千米，内环直径为116千米。两个环都曾被熔岩流淹没过，但相比之下，内环似乎更光滑，可能是因为它后来又经历了一次被熔岩流淹没的过程。罗丹陨石坑有着广泛的外部辐射状结构，这在其东部的崎岖地形中看得很明显。在罗丹陨石坑以北，有一个巨大的无名陡坎和压缩山脊，与西部的奋进号峭壁和安东尼亚迪山脊平行。**梅尔维尔**陨石坑（22°N，10°W，直径154千米）在罗丹陨石坑的东面，是我们目前已知的最东边的水星东北象限地区地形特征。这里有两个大的陨石坑——**莫里哀**陨石坑（16°N，17°W，直径132千米）和**艾布·努瓦斯**陨石坑（17°N，20°W，直径116千米）。艾布·努瓦斯陨石坑与罗丹陨石坑的南部边缘相邻，而罗丹陨石坑的西北侧岩壁则与**蔡文姬**陨石坑（23°N，22°W，直径119千米）相重叠。蔡文姬陨石坑形成晚，较年轻，内部有被撕裂的岩壁和曾经被熔岩流淹没的坑面，该陨石坑北部被一个未命名的陡坎切断。在这一地区，人们还可以追踪到另一个大型的、尚未获得官方正式命名的多环盆地**邓恩－莫里哀**陨石坑，其主环宽度约为 1060 千米。**邓恩**陨石坑（3°N，14°W，直径 88 千米）被叠加在这个古老盆地的中心，它的东边有三个大小差不多的陨石坑（均未被命名），它们也很明显是相互叠加在一起。一个古老的陨石坑（5°N，12°W，直径 50 千米）的西侧岩壁与一个较年轻的、未被命名的陨石坑（直径 40 千米）重叠，而这个较年轻的陨石坑的西侧岩壁本身又与一个更年轻的陨石坑（直径 50 千米）重叠在一起。随后发生的逆冲断层作用在它们的北部形成了一个山脊，这个山脊穿过了最年轻的陨石坑的中心。邓恩陨石坑的西部是**圣玛利亚号峭壁**（6°N，20°W），这是一个朝东的悬崖，高约 2000 米，因逆冲断层作用而形成。其附近的几个陨石坑，因为该断层的形成而发生了变形，其中一个陨石坑的中心被分割开来，两侧的陨石坑岩壁被推挤得更近。

向圣玛利亚号峭壁东北方向移动几百千米，我们来到了**希南**陨石坑（16°N，30°W，直径 147 千米）和**李白**陨石坑（17°N，35°W，直径 120 千米），这两个古老的陨石坑都有曾被熔岩流淹没过的坑面。在**叶芝**陨石坑（9°N，35°W，直径 100 千米）和**亨德尔**陨石坑（3°N，34°W，直径 166 千米）的西边，延伸出一个黑暗的古老熔岩平原，这是一个更宽广的黑暗平原（现在其大部分已被陨石坑和更明亮的喷出物所覆盖）的一部分。黑暗平原向西延伸了几百千米，跨越了小型年轻撞击坑——**坦森**陨石坑（4°N，71°W，直径 34 千米）。这个地区著名的大陨石坑有**普鲁斯特**（20°N，47°W，直径 157 千米）、**莱蒙托夫**（15°N，48°W，直径 152 千米）、**乔托**（12°N，56°W，直径 150 千米）和**柴可夫斯基**

（7°N，150°W，直径 165 千米）。莱蒙托夫陨石坑的内部特别明亮，可能是由于被来自更远处的年轻喷出物所覆盖的缘故。一个突出的山谷——**海斯塔克山谷**（5°N，46°W）从赤道上一个不知名的大陨石坑边缘辐射出来，向北延伸约 200 千米，触及柴可夫斯基陨石坑的东部边缘。

为了完成对水星东北象限地区地形特征的综述，我们回到前述未知水星地形以西的区域。大型古老陨石坑——**毗耶娑**陨石坑（48°N，81°W，直径 290 千米）的边缘被两个年轻得多的陨石坑所覆盖，它们分别是东北部的**斯特拉文斯基**陨石坑（51°N，74°W，直径 190 千米）和西北部的**肖洛姆·阿莱汉姆**陨石坑（50°N，88°W，直径 200 千米）。另一个古老的、被侵蚀的大型陨石坑（尚未被命名）占据了紧邻毗耶娑陨石坑的北部地区，位于斯特拉文斯基和肖洛姆·阿莱汉姆陨石坑之间；这个古老的陨石坑甚至可能比毗耶娑陨石坑还要古老，因为看起来毗耶娑陨石坑的北部边缘似乎是叠加在这个陨石坑上的，叠加痕迹显而易见。在毗耶娑陨石坑西南几百千米处是**哈马达尼**陨石坑（39°N，90°W，直径 186千米），这个陨石坑的原本特征被来自更远地方的细细的明亮喷射物所覆盖。在毗耶娑陨石坑和哈马达尼陨石坑之间有一个明亮的线性特征（可能是一个未被命名的陡坎），从 48°N，105°W 左右向东南延伸到 41°N，85°W。哈马达尼陨石坑和维瓦尔第陨石坑之间的区域是相对光滑的陨石坑间平原，上面有喷出物的条纹。

东北象限地区其他已获命名的陨石坑（按纬度降序排列）

米隆陨石坑（71°N，79°W，直径 31 千米）

阿赫塔尔陨石坑（59°N，97°W，直径 102 千米）

勃鲁盖尔陨石坑（50°N，108°W，直径 75 千米）

斯卡拉蒂陨石坑（41°N，100°W，直径 129 千米）

夏目漱石陨石坑（39°N，38°W，直径 90 千米）

穆索尔斯基陨石坑（33°N，97°W，直径 125 千米）

弗拉曼克陨石坑（28°N，13°W，直径 97 千米）

马鸣菩萨陨石坑（10°N，21°W，直径 90 千米）

莱尼斯陨石坑（5°N，96°W，直径 82 千米）

米斯特拉尔陨石坑（5°N，54°W，直径 110 千米）

贾希兹陨石坑（1°N，22°W，直径 91 千米）

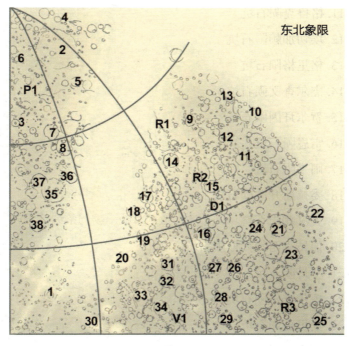

图 2.7

东北象限地区重要地形列表

1. 维瓦尔第陨石坑

2. 歌德陨石坑

3. 高更陨石坑

4. 亚里士多塞诺斯陨石坑

5. 董源陨石坑

6. 德普雷斯陨石坑

7. 蒙特威尔第陨石坑

8. 鲁本斯陨石坑

9. 胡安娜陨石坑

10. 莫奈陨石坑

11. 格鲁克陨石坑

12. 埃切加赖陨石坑

13. 格里格陨石坑

14. 杰尔查文陨石坑

15. 贺尔拜因陨石坑

16. 雷恩陨石坑

17. 雨果陨石坑

18. 委拉斯开兹陨石坑

19. 关汉卿陨石坑

20. 伯拉克西特列斯陨石坑

21. 罗丹陨石坑

22. 梅尔维尔陨石坑

23. 莫里哀陨石坑

24. 蔡文姬陨石坑

25. 邓恩陨石坑

26. 希南陨石坑

27. 李白陨石坑

28. 叶芝陨石坑

29. 亨德尔陨石坑

30. 坦森陨石坑

31. 普鲁斯特陨石坑

32. 莱蒙托夫陨石坑

33. 乔托陨石坑

34. 柴可夫斯基陨石坑

35. 毗耶娑陨石坑

36. 斯特拉文斯基陨石坑

37. 肖洛姆·阿莱汉姆陨石坑

38. 哈马达尼陨石坑

D1. 安东尼亚迪山脊

R1. 维多利亚号峭壁

R2. 奋进号峭壁

R3. 圣玛利亚号峭壁

P1. 北方平原

V1. 海斯塔克山谷

2.14 水星半球东南象限地区

雷诺阿地区：以印象派画家姓名命名的地形特征

东南象限地区覆盖了水星南半球的一大片区域，其纬度范围从赤道到南极，经度范围从 10°W 到 100°W。与东北象限地区相比，东南象限地区的摄影覆盖范围更加完整，因此，我们也更容易分辨出其地形特征。与东北象限地区一样，东南象限地区的大部分区域也是陨石坑间平原这样的地形特征。这里还出现了许多分散孤立、坑洼严重的陨石坑，且这一地区布满了陡坎、山脊和山谷。我们可以从许多年轻的撞击坑中追踪到线性喷出物的尘埃。

与赤道上的邓恩－莫里哀撞击盆地（东北象限地区地形特征）同心的许多（大都是不明显的）山脊，代表了这片古代多环地貌的一部分。在**德沃夏克**陨石坑（10°S,12°W,直径 82 千米）以北，我们可以找到邓恩－莫里哀撞击盆地最清晰的环状遗迹，包括一段山脊，它从圣玛利亚号峭壁北部延伸出来,位于小型陨石坑——**胡恩·卡尔**（1°S，20°W，直径 2 千米）以南。胡恩·卡尔陨石坑的中心被作为水星 20°W 的标记。胡恩·卡尔陨石坑的周围是一片严重坑洼的区域，它与**鲁迅**陨石坑（0°N，23°W，直径 98千米）南面大片光滑的熔岩流区域形成了鲜明的对比；鲁迅陨石坑是一个拥有圆形岩壁的陨石坑，从其东北岩壁到陨石坑底部，有一条引人注目的山谷将其切割开来。鲁迅陨石坑以南是一块年轻平原，填满了一个直径约 300 千米的尚未被命名的陨石坑。这块年轻平原的东南部，是**布鲁内莱斯基**陨石坑（9°S，22°W，直径 134 千米），它被保存得相对完好，内部西侧有宽大的梯田形状的岩壁，外缘宽阔。在其被熔岩流淹没过的光滑地表上，有几个峭壁和一些小型陨石坑，以及许多山峰，包括位于该陨石坑中心东南方向的一个成型良好的线性山丘。布鲁内莱斯基陨石坑被认为是叠加在了一个稍小的古老陨石坑的西北象限上——这是一个在任何行星上都十分罕见的清晰案例，即一个巨大的撞击陨石坑遮挡了一个较小陨石坑的一部分。这附近的几个峭壁和山谷，可能是邓恩－莫里哀盆地地形的一部分。从德沃夏克陨石坑以东地区明显的阴影中，我们可以看到另一个大型（且尚未被命名的）撞击盆地的蛛丝马迹，其中心位置大概在 20°S、360°W。

位于东部的德沃夏克陨石坑显得有些"可爱"，其边缘锐利，内部呈阶梯状，中央有一座相当大的山峰；德沃夏克陨石坑的大小、形状和位置（位于一个布满陨石坑的区域），都与月球上的第谷陨石坑非常相似（遗憾的是，它没有像第谷陨石坑那样壮观的明亮射线系统）。在德沃夏克陨石坑南部不远处有一个类似的（尚未被命名的）撞击坑，该撞击坑略小于德沃夏克陨石坑，其北边缘有一个碗状的小型撞击坑。这个尚未被命名的陨石坑横跨在另一个直径约为 220 千米且同样尚未被命名的大型陨石坑的北侧岩壁上，而在这个大型陨石坑的西南面，坐落着一个叫作**柿本人麻吕**的陨石坑（16°S，16°W，直径 107 千米）。未被命名的大型陨石坑那古老的碎石地面，与柿本人麻吕陨石坑的内部形成了令人惊叹的对比，前者有内环的痕迹，且有从柿本人麻吕陨石坑辐射出来的撞击特征；而后者则因被熔岩流淹没过而显得光滑，且在其西部延伸出一片迷人的山峰。

在柿本人麻吕陨石坑以南的水星地壳上，有突出且连在一起的三个大型陨石坑，从西到东分别是**马勒**陨石坑（20°S，19°W，直径 103 千米）、**吉田兼好**陨石坑（22°S，16°W，直径 99 千米）和**巴拉格塔司**陨石坑（23°S，14°W，直径 98 千米）。其中，马勒陨石坑最年轻，保存最完好，它有梯田式的岩壁、熔岩流浸漫过的地表和巨大的中央山体；而吉田兼好陨石坑虽然也有熔岩流浸漫过的丘陵地面，但没有突出的山峰；巴拉格塔司陨石坑被一个由北向南延伸的巨大陡崖所切分开来，该陡崖可能与安藤广重－马勒撞击盆地或易卜生－彼特拉克盆地相连。**达里奥**陨石坑（27°S，10°W，直径 151 千米）很大，位于东南象限地区的最东边，其地表有很多起伏；处在达里奥陨石坑以南几百千米的**皮嘉尔**陨石坑（39°S，10°W，直径 154 千米），其地貌特征也是如此。在这两个陨石坑之间，有一段广阔的丘陵和线状地形，向西延伸至**阿雷西博山谷**（27°S，29°W），向南延伸至**东方号峭壁**（38°S，19°W），占地约 75,000 平方千米。

再次回到该象限的北部，**荷马**陨石坑（1°S，36°W，直径 314 千米）是一个大型的且被熔岩流浸漫过的撞击盆地，其一半内环得以保留，呈现为一个弧形山脊。有趣的是，有明显的迹象表明：与荷马陨石坑西南岩壁接壤的一块区域，可能含有某个火山喷发时期形成的火山碎屑沉积物。事实上，在这片区域似乎有一个较深的断层特征，可能是那次火山爆发的来源。一个稍大点的（尚未被命名的）撞击盆地与荷马陨石坑的西侧岩壁相邻，其北边缘就是巨大的海斯塔克山谷（见上文东北象限地区）。这个未被命名的陨石坑的西侧岩壁上有一个深谷，向南延伸至**鲁达基**陨石坑（4°S，51°W，直径 120 千米）。**提香**陨石坑（4°S，42°W，直径 121 千米）位于鲁达基陨石坑和荷马陨石坑之间，该陨石坑整个地区的地壳颜色较深，到处都是明亮的小型撞击坑。

柯伊伯陨石坑（11°S，31°W，直径 62 千米）比较特别，凭借其亮度和突出的射线系统，它在颜色较深的地壳背景中占据主导地位。柯伊伯陨石坑的射线向四面八方扩散，长达几百千米；在其西部较暗的地形上，这些射线最容易被追踪到。柯伊伯陨石坑似乎形成了一颗耀眼的钻石，被镶嵌在**紫式部**陨石坑（13°S，30°W，直径 130 千米）的环形地带上。几个有趣的山谷从紫式部陨石坑的岩壁上辐射开来，这些都是次级撞击特征：一个位于紫式部陨石坑的北部，一个位于西南部，另一个位于东南部，但最突出的一个——**金石山谷**（15°S，32°W）在穿过紫式部陨石坑南部的地壳约 120 千米处。与紫式部陨石坑东部相邻的是**安藤广重**陨石坑（13°W，27°W，直径 138 千米），这是一个较老的陨石坑，其南部有一个未被命名的陨石坑，大小与柯伊伯陨石坑接近。

金石山谷的西南方是**伊姆霍特普**陨石坑（18°S，37°W，直径 159 千米），这是一个古老的、表面光滑的陨石坑，被柯伊伯陨石坑的射线所穿过。在伊姆霍特普陨石坑东北部，一个未被命名的大型陨石坑"侵入"到该陨石坑中，而这个未被命名的陨石坑又被一个陡坎所横穿，陡坎的一小段也穿过该未被命名的陨石坑东部的其他一些地貌。伊姆霍特普陨石坑西部地形是古老的、中等大小的陨石坑，并且这些陨石坑也被柯伊伯陨石坑的射线所穿过。**雷诺阿**陨石坑（19°S，52°W，直径 246 千米）是一个大型双环熔岩流浸漫过的撞击坑，在其周围地区中占主导地位。雷诺阿陨石坑以西约 300 千米处是**列宾**陨石坑（19°S，63°W，直径 107 千米），这是一个较年轻的陨石坑，有一个突出的中央山峰，其地表光滑，被熔岩流淹没过。在列宾陨石坑北部，有几条长长的断层山谷穿过一个更大的未被命名的陨石坑，这其中就包括了**西门子山谷**（13°S，64°W）。还有一个主要的尚未被命名的山谷，长约 110 千米，其中心位于 12°S，57°W。

彼特拉克陨石坑（31°S，26°W，直径 171 千米）是一个大型的、光滑的陨石坑，其北边缘放射出深深的阿雷西博山谷，该山谷向西北方向穿过水星地壳，长达近 100 千米，最后与一个较小的熔岩流浸漫过的陨石坑（未被命名）的边缘相连。阿雷西博山谷可能是一个地堑，由地壳张力和断层作用产生，而不是一个次级撞击特征。在彼特拉克陨石坑以南，有几个相当大且非常突出的陨石坑，包括**诺伊曼**陨石坑（37°S，35°W，直径 120 千米）、**莫福洛**陨石坑（38°S，28°W，直径 114 千米）和**艾奎亚诺**陨石坑（40°S，31°W，直径 99 千米）。在彼特拉克陨石坑以西的地形上，散布着一些中等规模的熔岩流浸漫过的陨石坑。在**西摩尼得斯**陨石坑（29°S，45°W，直径 95 千米）周围聚集着不同寻常的连在一起的陨石坑群，而在它的西边则紧挨着一个小而明亮的双陨石坑，周围环绕着的是一片明亮的射线（射线中心位于 30°S，49°W）。**米尔尼峭壁**（37°S，40°W）横穿西摩尼得斯陨石坑南面，是一个著名的悬崖。

发现号峭壁（54°S，38°W）是水星上最突出的陡坎之一，它横跨了水星半球东南象限地区的南部，从**韩莎**陨石坑（60°S，52°W，直径 111 千米）一直延伸到**曙光号峭壁**（42°S，22°W）的西部，总距离将近 1000 千米。在发现号峭壁的某些地方（地壳挤压引起的逆冲断层），其高度超过 2000 米。**拉莫**陨石坑（55°S，38°W，直径 51 千米）为此提供了很好的证据，证明发现号峭壁其实是一个压缩地貌，因为拉莫陨石坑被水星地理脊线一分为二，其几何尺寸在垂直于地理脊线方向上不断缩小。在发现号峭壁的南端之外，位于韩莎陨石坑和**拉伯雷**陨石坑（61°S，62°W，直径 141 千米）以南，我们可以发现两个较小的陡坎，它们分别是

决心号峭壁（62°S，52°W）和**冒险号峭壁**（64°S，63°W）。这两个较小的陡坎，可能是与发现号峭壁同时形成的，也是水星全球地壳压缩的结果。

在发现号峭壁的东部和东南部，我们可以发现一个充满线状山谷的陨石坑区域。在此区域内，值得注意的大型陨石坑包括：**俵屋宗达**陨石坑（49°S，18°W，直径 165 千米），这个陨石坑的内侧岩壁呈现梯田状，地表被熔岩流淹没过，有略微凸起；**黑泽**陨石坑（53°S，22°W，直径 159 千米），它被撞得面目全非；**赫西俄德**陨石坑（59°S，35°W，直径 107 千米），它有一个巨大的内部陨石坑，内部陨石坑的北边缘毗邻一个尚未被命名的陨石坑，在该未被命名的陨石坑的东边，似乎有一个深谷。再往南有一个非常大的**普希金**陨石坑（66°S，22°W，直径 231 千米），其地表被熔岩流淹没过，并且有几条突出的褶皱山脊从中穿过。在普希金陨石坑的北部岩壁中，我们可以发现较年轻的撞击坑——**纪贯之**陨石坑（63°S，21°W，直径 87 千米），它"侵入"到**门德斯·平托**陨石坑（61°S，18°W，直径 214 千米）中，门德斯·平托陨石坑比较古老，其地表是起伏的丘陵。

最后，我们回到东南象限地区西北部偏远的地方，完成我们对水星这一部分地貌特征的综述。这块区域的大部分地方都被明亮的线性射线所覆盖，这些射线来自相对较小的**斯诺里**陨石坑（9°S，83°W，直径 19 千米）、**科普利**陨石坑（38°S，85°W，直径 30 千米）以及**契诃夫**陨石坑（36°S，62°W，直径 199 千米）以西的一个尚未被命名的直径 20 千米的陨石坑。契诃夫陨石坑本身是一个多环形陨石坑，很像位于其北部 250 千米处的雷诺阿陨石坑。在契诃夫陨石坑东南方向约 200 千米处，有一个大型的、地表光滑的**舒伯特**陨石坑（43°S，54°W，直径 185 千米）。一个类似的地表光滑的**海顿**陨石坑（27°S，72°W，直径 270 千米），则位于契诃夫陨石坑的另一侧。比海顿陨石坑更大，但未被精确定义的、曾被熔岩流浸漫过的**拉斐尔**陨石坑（20°S，76°W，直径 343 千米）是东南象限地区最大的已被命名的地貌特征之一，它的周围是平坦的陨石坑间平原。除了位于拉斐尔陨石坑以西约 260 千米处的**马蒂斯**陨石坑（24°S，90°W，直径 186 千米），拉斐尔陨石坑周围没有什么特别值得注意的地方。在马蒂斯陨石坑的北面，是一片广袤的整整环绕**沙利文**陨石坑（17°S，86°W，直径 145 千米）一圈的脊状、线状地形，其面积接近 5 万平方千米；它是由来自托尔斯泰撞击盆地的飞溅物塑造形成的。这片区域以西是一片较为平坦的尚未被命名的平原，上面有由斯诺里陨石坑等年轻撞击坑喷出的明亮条纹。

在这片地区，我们还可以发现两个显著的陡坎地貌。在科普利陨石坑以东约 500 千米处，是**星盘号峭壁**（42°S，71°W）；而在科普利陨石坑以南约 800 千米处，则是**弗拉姆号峭壁**（57°S，94°W），两者都有大约 300 千米长。在拉伯雷陨石坑和水星南极之间，有许多小型的已获命名的陨石坑，其中包括**清少纳言**陨石坑（64°S，89°W，直径 113 千米）、**卡蒙斯**陨石坑（71°S，70°W，直径 70 千米）、**李清照**陨石坑（77°S，73°W，直径 61 千米）和**萨迪**陨石坑（79°S，56°W，直径 68 千米）。**薄伽丘**陨石坑（81°S，30°W，直径 142 千米）是东南象限地区最南端的已获命名的陨石坑，它边缘锋利，比较突出，有一个大的中央山体。一条狭窄的线状山谷将薄伽丘陨石坑一分为二，这个线状山谷一直向北延伸到约 150 千米处的**奥维德**陨石坑（70°S，23°W，直径 44 千米）。由薄伽丘陨石坑、普希金陨石坑和卡蒙斯陨石坑组成的三角地带，其地形相对平滑，并且布满了几十条大小不一的皱脊。

东南象限地区其他已获命名的陨石坑（按纬度升序排列）

波利格诺托斯陨石坑（0°S，68°W，直径 133 千米）

波爱修斯陨石坑（1°S，73°W，直径 129 千米）

莱辛陨石坑（29°S，90°W，直径 100 千米）

运庆陨石坑（32°S，63°W，直径 123 千米）

吕德陨石坑（33°S，80°W，直径 75 千米）

卡尔杜齐陨石坑（37°S，90°W，直径 117 千米）

韦格朗陨石坑（38°S，57°W，直径 42 千米）

圭多·阿雷佐陨石坑（39°S，18W，直径 66 千米）

南佩约陨石坑（41°S，50°W，直径 52 千米）

里尔克陨石坑（45°S，12°W，直径 86 千米）

伯牙陨石坑（46°S，20°W，直径 103 千米）

苏尔达斯陨石坑（47°S，93°W，直径 132 千米）

布拉曼特陨石坑（48°S，62°W，直径 159 千米）

安达尔陨石坑（48°S，38°W，直径 108 千米）

丁托列托陨石坑（48°S，23°W，直径 92 千米）

吉贝尔蒂陨石坑（48°S，80°W，直径 123 千米）

斯美塔那陨石坑（49°S，70°W，直径 190 千米）

阿弗里卡纳斯·霍顿陨石坑（52°S，41°W，直径 135 千米）

舍甫琴科陨石坑（54°S，47°W，直径 137 千米）

柯尔律治陨石坑（56°S，67°W，直径 110 千米）

马致远陨石坑（60°S，78°W，直径 179 千米）

普契尼陨石坑（65°S，47°W，直径 70 千米）

卡利特瑞特陨石坑（66°S，33°W，直径 70 千米）

霍尔堡陨石坑（67°S，61°W，直径 61 千米）

斯皮特勒陨石坑（69°S，62°W，直径68千米）

贺拉斯陨石坑（69°S，52°W，直径58千米）

圆山应举陨石坑（69°S，76°W，直径65千米）

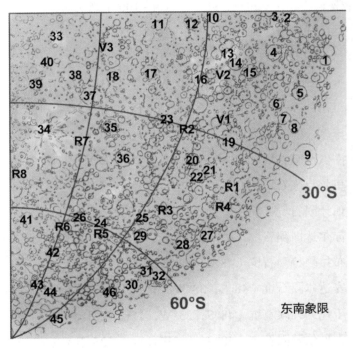

图 2.8

东南象限地区重要地形特征列表

1. 德沃夏克陨石坑

2. 胡恩·卡尔陨石坑

3. 鲁迅陨石坑

4. 布鲁内莱斯基陨石坑

5. 柿本人麻吕陨石坑

6. 马勒陨石坑

7. 吉田兼好陨石坑

8. 巴拉格塔司陨石坑

9. 达里奥陨石坑

10. 荷马陨石坑

11. 鲁达基陨石坑

12. 提香陨石坑

13. 柯伊伯陨石坑

14. 紫式部陨石坑

15. 安藤广重陨石坑

16. 伊姆霍特普陨石坑

17. 雷诺阿陨石坑

18. 列宾陨石坑

19. 彼特拉克陨石坑

20. 诺伊曼陨石坑

21. 莫福洛陨石坑

22. 艾奎亚诺陨石坑

23. 西摩尼得斯陨石坑

24. 韩莎陨石坑

25. 拉莫陨石坑

26. 拉伯雷陨石坑

27. 俵屋宗达陨石坑

28. 黑泽陨石坑

29. 赫西俄德陨石坑

30. 普希金陨石坑

31. 纪贯之陨石坑

32. 门德斯·平托陨石坑

33. 斯诺里陨石坑

34. 科普利陨石坑

35. 契诃夫陨石坑

36. 舒伯特陨石坑

37. 海顿陨石坑

38. 拉斐尔陨石坑

39. 马蒂斯陨石坑

40. 沙利文陨石坑

41. 清少纳言陨石坑

42. 卡蒙斯陨石坑

43. 李清照陨石坑

44. 萨迪陨石坑

45. 薄伽丘陨石坑

46. 奥维德陨石坑

V1. 阿雷西博山谷

V2. 金石山谷

V3. 西门子山谷

R1. 东方号峭壁

R2. 米尔尼峭壁

R3. 发现号峭壁

R4. 曙光号峭壁

R5. 决心号峭壁

R6. 冒险号峭壁

R7. 星盘号峭壁

R8. 弗拉姆号峭壁

2.15 水星半球西北象限地区

莎士比亚地区：地形风暴的边缘

西北象限地区占据了水星北半球的很大一部分，其纬度范围从北极到赤道，经度范围从 100°W 到 190°W。目前，我们通过探测器摄影得到的照片，已对该象限大部分地区了解得相当透彻，因为该象限的最西部地区是在低太阳光照下成像的，但越靠近水星圆盘中心，相应的地形特征照片所显示出的阴影和地形细节也逐渐减少。

以卡洛里盆地为中心的地貌（卡洛里盆地中心实际上略微超出了本节内容所要描述的区域），在西北象限地区占据了主导地位，与此同时，一些较小的多环撞击盆地也占据了这一区域。已获命名的、分布在西北象限地区的平原不少于 7 个，它们分别是东北部的北方平原（见上文东北象限地区）、西部的**卡洛里平原**（30°N，195°W）、西北部的**绥塞平原**（59°N，151°W）、中东部的**索贝克平原**（40°N，130°W）、西南部的**奥丁平原**（23°N，172°W）、中南部的**佛陀平原**（22°N，151°W），以及西北象限最西南部的**蒂尔平原**（1°N，176°W）。

除了德普雷斯陨石坑（见上文东北象限地区）周围的地区和北方平原的西部地区之外，西北象限最北部纬度的其他地区都是一片坑坑注注，被撞击得非常严重。**普赛尔**陨石坑（81°N，147°W，直径 91 千米）是西北象限中已获命名的最北端的陨石坑，它占据了一个更大的尚未被命名的陨石坑的大部分地面。普赛尔陨石坑的地面很粗糙，有中央山体的遗迹，其南侧岩壁被一个稍小的陨石坑所覆盖。在其西南方向的另一个未被命名的陨石坑之外，是**凡·戴克**陨石坑（77°N，164°W，直径 105 千米），这是一个被熔岩流淹没过的陨石坑，其地面被一个朝东走向的弧形陡坎切割开来。在凡·戴克陨石坑西部，有几个较大的未被命名的陨石坑，其中一个位于凡·戴克陨石坑西北方向约 100 千米处的陨石坑值得注意，其位置大约在 78°N，192°W，它是一个古老的陨石坑，地貌特别复杂。

在普赛尔陨石坑南部的丘陵地带，我们可以发现一个由六个中型陨石坑组成的、排列整齐的陨石坑群，其中包括了目前还保存完好的**约卡伊**陨石坑（72°N，135°W，直径 106 千米），它是该陨石坑群中最年轻和最突出的陨石坑，此外还有**芒萨尔**陨石坑（73°N，119°W，直径 95 千米）和**比昂松**陨石坑（73°N，109°W，直径 88 千米）。这个陨石坑群中的每一个陨石坑，都有明确的边缘，地面都曾被熔岩流淹没过，且均有中央高地的遗迹，约卡伊陨石坑的相关地貌特征最为明显：它被一系列山谷所环绕，其中一些山谷穿过了其北部和东部的岩壁。

在比昂松陨石坑以南的陨石坑间平原上，有一个古老的、被侵蚀过的**波提切利**陨石坑（64°N，110°W，直径 143 千米），值得注意的是，这个陨石坑的地表是由较暗的地壳物质和较明亮的喷出物斑块所共同组成的。明亮的喷出物来自一个小型陨石坑，它位于波提切利陨石坑以东、经度为 100 度的地方；喷出物主要朝着陨石坑的北、东和南三个方向扩散。在朝南方向上，这些喷出物与其他喷射系统的喷出物相互混合，混合物中就包括了**彭斯**陨石坑（54°N，116°W，直径 45 千米）以东的小片物质。

西北象限的一个相当大的区域——约有 25 万平方千米——

都是索贝克平原，它占据了多环索贝克盆地的一部分，索贝克盆地的主环直径约为 850 千米。索贝克平原相对平滑，没有陡坎、山脊、裂缝和山谷，尽管其东南边缘与**海姆斯凯克号峭壁**（26°N，125°W）相接壤。海姆斯凯克号峭壁是一个约 300 千米长的陡坎，有趣的是，它恰好沿着一条约 1000 千米长的、非常宽且明亮的带状射线的一部分延伸开来，终止于**郑澈**陨石坑（46°N，116°W，直径 162 千米）以东。这个不同寻常的明亮特征的起源尚不能确定，因为它似乎不是来自任何特定的撞击坑。此外，这条明亮射线以东的边界区域，似乎比更远以东的水星表面略暗，这一点显得比较奇怪。

从**勃朗特**陨石坑（39°N，126°W，直径 63 千米）和**德加**陨石坑（37°N，126°W，直径 60 千米）这两个连体陨石坑中喷出、散布在索贝克平原上的射线系统是水星最显著的射线系统之一。德加陨石坑与较早的勃朗特陨石坑略有重叠，喷出物实际来自德加陨石坑。该射线系统中最明亮且最长的部分是从德加陨石坑的东南方向延伸出来的，它以直角穿过上述异常明亮的区域，而后穿过维瓦尔第陨石坑（见上文东北象限地区）的北部，延伸距离约 1000 千米，其间，它从约 30 千米的初始宽度逐渐变细。

西北部的绥塞平原面积超过 30 万平方千米，相对平滑，但有相当多的褶皱，其中许多褶皱与绥塞平原西部边缘下方的布拉姆斯－左拉盆地有关。严重坑洼的地形出现在绥塞平原北部，主要由**威尔第**陨石坑（65°N，169°W，直径 163 千米）所构成。威尔第陨石坑比较突出，有明显的梯田状岩壁，坑内存在一个大型中央山体，并且有明显的由撞击所造成的辐射状地貌。**屠格涅夫**陨石坑（66°N，135°W，直径 116 千米）是一个古老的、被熔岩流淹没过的陨石坑，位于绥塞平原的东北边缘；而在绥塞平原更南边的，则主要是**艾哈迈德·巴巴**陨石坑（59°N，127°W，直径127 千米）和**斯特林堡**陨石坑（54°N，135°W，直径 190 千米）。这两个陨石坑都有可见的内环，且内环部分突出于被熔岩流淹没过的地面之上；同时，这两个陨石坑都被相当多的因二次撞击而形成的山脊、沟槽和陨石坑所包围。

在绥塞平原的南部，是水星上的第五大陨石坑——**莎士比亚**陨石坑（50°N，151°W，直径 370 千米），它周围那广阔的陨石坑间平原与较小的**凡·爱克**陨石坑（43°N，159°W，直径 282 千米）周围的平原融为一体，像是形成了一个气势恢宏的二重奏。**曼苏尔**陨石坑（48°N，163°W，直径 100 千米）比较年轻，它有一个偏移中心的中央山脉，坐落在莎士比亚陨石坑以西的水星表面，并与凡·爱克陨石坑的西北岩壁相邻。从凡·爱克陨石坑出发，我们可以看到环绕莎士比亚陨石坑西部边缘的地貌特征的一部分是**泽汉号峭壁**（51°N，157°W），它是一个朝东的陡坎，长约 200 千米。两个形态保存良好的陨石坑——**左拉**陨石坑（50°N，177°W，直径 80 千米）和**布拉姆斯**陨石坑（59°N，176°W，直径 96 千米）像是在守卫着绥塞平原的西部门户。

奥丁平原和佛陀平原是水星上两个大小均中等但在其他方面非常不同的平原，它们并排位于西北象限地区的南部。奥丁平原是一个灰色的多丘平原，是整个水星上最平滑、坑洼最少的地区之一。与其他大多数平原不同的是，奥丁平原并非一个被熔岩流淹没过的撞击盆地，而是一个因为曾被厚厚的碎片所覆盖才形成的区域，这些碎片是卡洛里撞击时飞溅出来的。许多环绕卡洛里盆地的山脊蜿蜒地穿过奥丁平原，其中比较特别的是**夏帕雷利山脊**（23°N，164°W），它是一条长约 400 千米且较宽的山脊，与卡洛里盆地同心。**库普兰**陨石坑（30°N，151°W，直径 80 千米）

和它南部的一条山脊，是奥丁平原的东部边界；同时，它们也可以被用来标记一个古老的、大部分地表被熔岩流淹没过的、莎士比亚陨石坑般大小且未被命名的陨石坑的东部边界。

紧挨着奥丁平原东部的是佛陀平原，它比奥丁平原的颜色要深一些。在佛陀平原东部，是由佛陀平原熔岩流填充的撞击盆地，其多环地貌特征的痕迹非常清晰；而西部的多环地貌特征，则被与卡洛里盆地同心的山脊系统所破坏。佛陀平原的东北部地区与索贝克平原交融在一起，除了一些丘陵和皱脊外，二者间的地貌交融几乎没有中断。除了在佛陀平原发现的大量喷出物比较明亮外，在黑暗的佛陀平原南部，还有两个虽小但特别明亮的未被命名的年轻陨石坑，它们像是在黑暗中闪耀着的一双发光的"眼睛"（位置大约处于 16°N，156°W）；在佛陀平原东南部，埋藏着许多中等大小的陨石坑，它们以扇环或者是环形重影的形式出现在图像中。在该地区的平原之外，有一些引人注目的大型陨石坑，包括**铃木春信**陨石坑（15°N，141°W，直径 110 千米）、**巴尔扎克**陨石坑（10°N，144°W，直径 80 千米）、**菲狄亚斯**陨石坑（9°N，149°W，直径 160 千米），以及**特亚加拉贾**陨石坑（4°N，148°W，直径 105 千米）。巴尔扎克陨石坑和特亚加拉贾陨石坑都有相对年轻的撞击特征，它们拥有明亮的内部梯田状岩壁、中央山体以及由撞击所造成的辐射状地貌，且都被黑色的撞击熔岩体所包围。此外，它们与较大且平滑的菲狄亚斯陨石坑形成了相当惊人的对比，后者的边缘低矮清晰，内部地面呈斑驳状。

在水星上所有已知的地貌特征中，没有一个能像巨大的多环盆地——卡洛里盆地那样，拥有如此广泛的空间分布，且能在这颗星球的其他地方造成如此多的二次撞击。卡洛里盆地的中心位于西北象限的西部界限之外；卡洛里盆地的主环由卡洛里山脉所构成，直径达到 1340 米；卡洛里山脉由一截一截的分段山体组成，这些山体表面光滑，由隆起的基岩组成，高出周围地形数千米。在卡洛里山脉东南部，我们可以发现一个几百千米宽的缺口，这是奥丁平原西部与卡洛里平原相遇的地方。在更东边的地貌中，我们可以找到卡洛里盆地外环的痕迹；在距离卡洛里盆地中心约 1800 千米的地方，我们能够找到最远的与卡洛里盆地同心的地貌特征。

在卡洛里山脉内部，呈现灰色且带有褶皱的卡洛里平原，其面积将近 150 万平方千米——比月球上最大的环形海（雨海①）还要大一些。同心断层、陡坎和山脊，以及许多孤立的山峰、小型山群、小型撞击坑，充斥在卡洛里平原的各个角落。沿着卡洛里盆地径向分布的山谷和陨石坑链，一直向东延伸，越过卡洛里山脉，进入远处的多丘平原。这些径向辐射地貌特征在凡·爱克陨石坑周围地貌的另一侧，即在相对年轻的左拉陨石坑和**内尔沃**陨石坑（43°N，179°W，直径 63 千米）周围的区域，显得尤为突出。在奥丁平原的北部和南部以及蒂尔平原的东部，我们也可以发现与卡洛里盆地有关的呈辐射状的成片地形。大部分这种辐射状地形，可能是卡洛里撞击时所挖掘出来的物质以低角度重新撞击水星地表才造成的；另外一些辐射状地形则可能是由沿着辐射状断层线运作的地壳运动所造成的。

莫扎特陨石坑（8°N，191°W，直径 270 千米）叠加在卡洛里盆地南部那坑坑洼洼的地貌上，它是一个巨大而壮观的陨石坑，周围有辐射状的撞击痕迹和几个粗大的同心山脊。一些次级撞击坑链以辐射线状从莫扎特陨石坑延伸出去，其中两条特别突出的

---

① 雨海（Mare Imbrium），拉丁文的意思是"淋浴之海"或"海雨之海"，是太阳系中最大的撞击坑之一。

辐射线位于莫扎特陨石坑东南方，它们大致平行地穿过蒂尔平原西部，长约 250 千米。

蒂尔平原本身是一个宽阔的、曾遭受熔岩流泛滥的撞击盆地，直径约 1250 千米，被水星的赤道划分成了两部分；蒂尔盆地的中心就在赤道上，大概处于 176°W。在蒂尔平原上，有一些与卡洛里平原有关的地貌特征，包括一些从卡洛里平原放射出来的突出山脊，以及几块卡洛里线状地形。在蒂尔平原的北部地区，有一些引人注目的陨石坑，这其中就包括了**乌姆鲁勒·盖斯**陨石坑（12°N，176°W，直径 50 千米），它是一个相对年轻的撞击坑，有阶梯状的坑壁和一个内部山峰。在乌姆鲁勒·盖斯陨石坑的东面、南面以及西面各约 75 千米处，有 3 个稍小的未被命名的撞击坑，它们均有中央山峰；而在这些撞击坑之外，我们还可以发现一个年轻的撞击坑，其周围有一片明亮的喷出物。

西北象限地区其他已获命名的陨石坑（按纬度降序排列）

井原西鹤陨石坑（73°N，176°W，直径 88 千米）

尼扎米陨石坑（72°N，165°W，直径 76 千米）

马提亚尔陨石坑（69°N，177°W，直径 51 千米）

康庆陨石坑（60°N，138°W，直径 65 千米）

亚纳切克陨石坑（56°N，154°W，直径 47 千米）

惠特曼陨石坑（41°N，110°W，直径 70 千米）

海涅陨石坑（33°N，124°W，直径 75 千米）

马尔契陨石坑（31°N，176°W，直径 70 千米）

藤原隆信陨石坑（31°N，108°W，直径 80 千米）

密茨凯维奇陨石坑（24°N，103°W，直径 100 千米）

丢勒陨石坑（22°N，119°W，直径 180 千米）

姜夔陨石坑（14°N，103°W，直径 35 千米）

犹大·哈列维陨石坑（11°N，108°W，直径 80 千米）

王蒙陨石坑（9°N，104°W，直径 165 千米）

梭罗陨石坑（6°N，132°W，直径 80 千米）

利西普斯陨石坑（1°N，133°W，直径 140 千米）

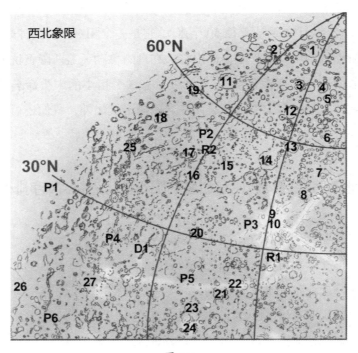

图 2.9

西北象限地区重要地形特征列表

1. 普赛尔陨石坑

2. 凡·戴克陨石坑

3. 约卡伊陨石坑

4. 芒萨尔陨石坑

5. 比昂松陨石坑

6. 波提切利陨石坑

7. 彭斯陨石坑

8. 郑澈陨石坑

9. 勃朗特陨石坑

10. 德加陨石坑

11. 威尔第陨石坑

12. 屠格涅夫陨石坑

13. 艾哈迈德·巴巴陨石坑

14. 斯特林堡陨石坑

15. 莎士比亚陨石坑

16. 凡·爱克陨石坑

17. 曼苏尔陨石坑

18. 左拉陨石坑

19. 布拉姆斯陨石坑

20. 库普兰陨石坑

21. 铃木春信陨石坑

22. 巴尔扎克陨石坑

23. 菲狄亚斯陨石坑

24. 特亚加拉贾陨石坑

25. 内尔沃陨石坑

26. 莫扎特陨石坑

27. 乌姆鲁勒·盖斯陨石坑

P1. 卡洛里平原

P2. 绥塞平原

P3. 索贝克平原

P4. 奥丁平原

P5. 佛陀平原

P6. 蒂尔平原

R1. 海姆斯凯克号峭壁

R2. 泽汉号峭壁

D1. 夏帕雷利山脊

2.16 水星半球西南象限地区

贝多芬地区：水星上响起辉煌的交响曲[1]

西南象限地区涵盖了水星南半球的西部，其纬度范围从南极到赤道，经度范围从 100°W 到 190°W。与毗邻的西北象限地区一样，我们通过探测器摄影得到的照片，也已对西南象限大部分地区了解得相当透彻。西南象限的最西部地区是在低角度太阳光照下成像的（相关地形细节还算比较完善），但越靠近水星圆盘中心，由于缺少更好的光照条件，所以相应的地形特征照片所显示出的地形细节也越少。

西南象限地区的大部分地形是几个古老的大型多环撞击盆地。该象限西北地区的地貌受到了卡洛里盆地外环和线状喷出物的影响。西北部的蒂尔盆地和东北部的梅纳－狄奥凡盆地横跨赤道两侧。蒂尔盆地以南是托尔斯泰盆地、狩野永德－弥尔顿盆地以及文森特－巴尔玛盆地，其中，文森特－巴尔玛盆地的外环与巴托克－艾夫斯盆地、霍桑－雷姆施奈德盆地相接。在西南象限最南部，是环形的萨迪-斯珂帕斯盆地。

贝多芬陨石坑（21°S，124°W，直径 643 千米）是水星上最大的已获命名的陨石坑，它是西南象限东北部地区的主要地貌。贝多芬陨石坑是一个有着清晰边界的撞击盆地，它之下原本是深色的被熔岩流淹没过的地面，但已经被随后而来的撞击弄得斑驳

---

[1] 贝多芬陨石坑是西南象限地区的主要地貌之一，贝多芬创作的交响曲举世盛名，以他的名字来命名这块地貌，宛如水星上响起一首首辉煌的交响曲。

不堪。与其他许多被熔岩流淹没过的盆地不同，图像显示贝多芬陨石坑的底部没有同心的皱脊，这表明它下面的地壳是足够结实的，没有被注入的熔岩所产生的额外负荷扭曲，因此，贝多芬陨石坑的内部没有遭受到很大幅度的压缩或是发生坍塌。事实上，有股拉力似乎一直在起作用，最终形成了长约 150 千米、贯穿贝多芬陨石坑南部地面的弧形裂缝。贝多芬陨石坑的中心坐落着一个尚未被命名的较小（直径为 75 千米）的陨石坑，它被一个巨大的外壁所包围。在贝多芬陨石坑北部的地面上，有一个直径为 10 千米的未被命名的陨石坑，它被一个小而明亮的圆形喷出物光环所包围。**贝略**陨石坑（19°S，120°W，直径 129 千米）位于贝多芬陨石坑的东部地面，是一个相当大的年轻陨石坑，它有着梯田状的内部岩壁和明亮的中央山峰，周围有许多放射状的山脊。在贝多芬陨石坑的东南部地面上，有一个南北向拉长的未被命名的陨石坑（大小约为 80 千米 × 60 千米），这可能是由于小行星撞击造成的；在贝多芬陨石坑的西南部地面上，有一个与前述陨石坑大小相似，但形状更规则的被熔岩流淹没过且未被命名的陨石坑。在贝多芬陨石坑的边缘，有一些扇形外观，这是由于熔岩流包围了许多周边的陨石坑所造成的。在贝多芬陨石坑的东侧和东南侧，有着十分突出的辐射线，其向东延伸超过 150 千米，穿过了邻近的一些平原，这些辐射线实际来自托尔斯泰撞击盆地。一个显眼的陨石坑——**萨雅－诺瓦**陨石坑（28°S，122°W，直径 158 千米）——横跨贝多芬陨石坑的南侧边缘，其内部岩壁呈现阶梯状，地面呈圆丘状。

在赤道和贝多芬陨石坑的北侧岩壁之间，是相当大且平坦的卡洛里平原，其上四处点缀着古老且已被淹没的陨石坑。来自**梅纳**陨石坑（0°S，124°W，直径 52 千米）的明亮而清晰的射线穿过了这一地区，但是值得注意的是，从梅纳陨石坑西南侧传播出来的射线在延伸过程中出现了一个 45°的弧形断裂，从而形成了一个突出且醒目的楔形地貌。**塞尚**陨石坑（9°S，123°W，直径75 千米）位于梅纳陨石坑和贝多芬陨石坑之间的平原上，而再往东几百千米，我们可以发现一条射线，射线上连着六个大小类似且均未被命名的陨石坑，其中最后一个陨石坑紧挨着**朱耷**陨石坑（2°S，105°W，直径 110 千米）的南侧岩壁，其中三个陨石坑都有相当大的中央山峰，而另外三个陨石坑的地表都是相对平滑的。这些陨石坑与中心位于 1°S，129°W 的梅纳 - 狄奥凡盆地的连线恰好呈放射状，这也许是个巧合。

菲洛塞奴陨石坑（9°S，112°W，直径 90 千米）是一个巨大但不起眼的陨石坑，其地面平滑，被熔岩流淹没过，是西南象限东北部为数不多的已获命名的地貌特征之一。在这一区域，有很多类似的被熔岩流淹没过的陨石坑，它们最终在更远的东部，形成了一个巨大的充满褶皱的平原，该平原尚未被命名（详见上文东南象限地区中的描述）。从一个未被命名的小型撞击坑（8°S，105°W）发出的明亮的蜘蛛网状射线，向各个方向辐射了几百千米。这样明亮的射线系统还包括来自贝多芬陨石坑边缘以南约450 千米处的**艾夫斯**陨石坑（33°S，111°W，直径 20 千米），以及在贝多芬陨石坑西边缘之外的**勋伯格**陨石坑（16°S，136°W，直径 29 千米），后者的射线在卡洛里平原黑暗且平滑的背景中显得很突出。

巴托克陨石坑（30°S，135°W，直径 112 千米）是一个保存完好的撞击坑，它有明亮且坚固的梯形岩壁和中央山峰，与其西北方向、较之更大的近邻——**蚁垤**陨石坑（24°S，141°W，直径 221 千米）——形成了惊人的对比。后者有着低矮但清晰的扇形岩壁，坑底地表虽被熔岩流淹没过但还是凹凸不平。有迹象表明蚁垤陨石坑有一个内环，相关证据可以在陨石坑的西部和东部找到，那里有小段弧形的高出地面的山丘。蚁垤陨石坑底部的外侧部分看起来比较暗，也许是因为后来熔岩流沿着那里的深层裂缝流入了地壳。这片地区的大部分地貌是西北—东南走向的狭窄山谷和链坑[①]，这些地貌特征可能与卡洛里撞击盆地或蒂尔撞击盆地有关。

在贝多芬陨石坑西北部的丘陵地带，有一些古老的、被些许侵蚀过的陨石坑，包括**曹雪芹**陨石坑（13°S，142°W，直径 110 千米）和**马克·吐温**陨石坑（11°S，138°W，直径 149 千米）。在这两个陨石坑中，马克·吐温陨石坑对于地质学研究更有意义，因为它有一个由低矮环形山脊构成的完整的内环——对于一个尺寸相对较小的陨石坑来说，出现这一现象是不同寻常的。在 3°S，137°W，即在马克·吐温陨石坑以北约 170 千米处，有一个直径约 40 千米的未被命名的陨石坑。因为该陨石坑的中央隆起相对来说很高，所以非常引人注目，它可能是所有已知的水星陨石坑中，中央隆起部分占陨石坑自身比例最大的那个。这个陨石坑的大小和形状与月球上的阿尔佩特尔吉斯陨石坑十分相似。阿尔佩特尔吉斯陨石坑位于月球云海[②]东部边界附近，宽度为 40 千米，陨石坑底面距离边缘的高度约为 3900 米，从底面升起的圆形中央山峰高达 2000 米，直径是陨石坑直径的 1/3。

西南象限的东南部有许多有趣的大型陨石坑，这些陨石坑所处的背景地貌多样且参差不齐，有线性结构的地形，也有严重坑

[①] 链坑是指天体表面排成一列的多个撞击坑。

[②] 云海（Mare Nubium），月球地貌，位于风暴洋东南方，是月球上七大月海之一。

洼的高地和丘陵地带。**米开朗琪罗**陨石坑（45°S，109°W，直径216千米）拥有近乎完整的内环丘陵，蚁垤陨石坑在其大部分内环被掩埋之前，可能就和现在米开朗琪罗陨石坑的样子差不多。米开朗琪罗陨石坑的内部平原特别平滑，而处于内环和轮廓鲜明的外环之间的平原则不那么平滑，其西北部比较陡峭，西南部则被附近的**霍桑**陨石坑（51°S，115°W，直径107千米）的次级撞击坑所覆盖。在米开朗琪罗陨石坑之外，一些辐射状的山谷、山脊和链坑朝着各个方向延伸，最终在西南方向上与从霍桑陨石坑辐射出来的类似地貌特征交织在一起。从霍桑陨石坑平滑的底面上，升起了一个小小的环形山峰，其直径有几千米，这便是霍桑陨石坑的中央山脉。在其北侧边缘，有一个奇怪的宽阔而蜿蜒的山谷，显然，它是由一系列相连的陨石坑所组成的，很像月球上的勒伊塔月谷①。前述奇怪的山谷特征遭受了相当程度的侵蚀，这可能与当地的一个古老撞击盆地的二次撞击有关。**哈尔斯**陨石坑（55°S，115°W，直径100千米）是一个更加古老的陨石坑，它位于霍桑陨石坑的南侧边缘之外。在哈尔斯陨石坑东边几百千米处的光滑的小平原上，坐落着**雷姆施奈德**陨石坑（53°S，100°W），这也是一个古老的陨石坑，其底面被熔岩流淹没过。有迹象表明：雷姆施奈德陨石坑位于一个更大、更古老的盆地内，该盆地宽度超过400千米，这附近的地形呈现暗色且凹凸不平。

　　另一个呈现暗色且参差不齐的地形，显然是由卡洛里撞击和托尔斯泰撞击造成的，这块地形环绕着彼此相连的两个陨石坑，分别是**雪莱**陨石坑（48°S，128°W，直径164千米）和**德拉克洛瓦**陨石坑（45°S，130°W，直径146千米）。雪莱陨石坑是这对

---

① 勒伊塔月谷是月球正面一条直线型山谷。

陨石坑中较年长的，它的岩壁遭受了相当大的侵蚀，其内部的丘陵也被卡洛里撞击盆地的喷出物从西北方向划过，但是仍有迹象表明：雪莱陨石坑的内部丘陵曾经呈现为一个环形结构。一条突出的山脊从东南方向延伸到雪莱陨石坑，越过它的外缘岩壁，侵入陨石坑东部底面。从**韩幹**陨石坑（72°S，144°W，直径50千米）发出的明亮射线，延伸了1000千米左右，直抵水星南极；这些明亮射线覆盖了西南象限的大部分地区，其中雪莱陨石坑的底面上就有一条像这样的细细的射线，而在雪莱陨石坑的西侧边缘，还有一条更宽的相关射线。雪莱陨石坑的北侧岩壁与德拉克洛瓦陨石坑的南侧岩壁叠加在一起；后者的中央有一排山丘，这些山丘从被熔岩流淹没过的陨石坑底面升起；处于德拉克洛瓦陨石坑西南边缘的一个新的小型撞击坑的射线穿过了德拉克洛瓦陨石坑的底面。一个未被命名的直径50千米的陨石坑横跨了德拉克洛瓦陨石坑的西侧岩壁，其内部呈梯田状且有一簇中央高地。在德拉克洛瓦陨石坑附近，我们还可以发现两个有趣的地貌特征。一个未被命名的陡坎（中心在42°S，138°W）蜿蜒在这片丘陵地带上，长达数百千米。这个地貌特征似乎是另一个更大的陡坎地貌的最南端部分，这个更大的陡坎地貌一直延伸到了托尔斯泰盆地，与西北象限地区相去甚远。在德拉克洛瓦陨石坑以北，有一个突出的山谷，它是一个陨石链坑，可能是文森特－巴尔玛盆地的辐射状特征。

文森特陨石坑（57°S，142°W，直径98千米）是其周围几千平方千米范围内最突出的陨石坑。它有一个清晰的外缘，内部为坚固的梯田状地貌，其东面岩壁内侧有一个相当大的塌陷。它的中央隆起部分已经完全被撞击产生的熔岩物质所掩盖，后来，一个小小的中央撞击坑取代了原先的中央地貌。许多陨石链坑从文森特陨石坑辐射出来，其中一个突出的分叉链坑，延伸到了西部的**普尔夸帕号峭壁**（中心在58°S，156°W），而这个链坑本身也被韩幹陨石坑的两条明亮的喷出物射线所穿过。一些较小且均未被命名的陨石坑占据了文森特陨石坑和哈尔斯陨石坑之间的丘陵地区，其中许多陨石坑的地表相对平滑。这片丘陵地区被来自韩幹陨石坑的四条明亮的射线所穿过。**西贝柳斯**陨石坑（50°S，145°W，直径90千米）位于这片区域的北部，它有梯田式的内部岩壁和一座巨大的中央山峰。一个小型陡坎起始于西贝柳斯陨石坑的北部边缘，蜿蜒地绕过了几个小型陨石坑的东部边缘。紧挨着西贝柳斯陨石坑东面的，是一个未被命名的大型陨石坑（50°S，142°W，直径100千米），它曾被熔岩流淹没过，遭受了侵蚀。

现在，我们把镜头转到西南象限的西北部地区，来描述一下这片区域的主要地貌——**托尔斯泰**陨石坑（16°S，164°W，直径390千米）及其周围地区。托尔斯泰陨石坑实际上只是更大的托尔斯泰多环撞击盆地的中央环，它被熔岩流淹没过。托尔斯泰多环撞击盆地的主环，则是由一圈不连续的内向陡坎组成，直径为510千米。托尔斯泰撞击对水星地形产生的影响，可以在西南象限的大部分地区以及其他地区的不同地形单元中略见一斑。保留了明显的托尔斯泰撞击造成的影响的主要区域包括：紧挨着托尔斯泰陨石坑的周边区域，特别是托尔斯泰陨石坑东部和南部的周边区域；巨大的莎士比亚陨石坑的周边区域，特别是莎士比亚陨石坑东部的周边区域；以及拉斐尔陨石坑的周边区域（见上文东南象限地区）。

托尔斯泰陨石坑的轮廓略呈多边形，它有一个轮廓鲜明、有点像扇形的边缘，其上嵌有许多被熔岩流淹没过的陨石坑。被熔岩流淹没过的托尔斯泰陨石坑底面面积约为 12 万平方千米。它包含了几个相当大的、几乎被熔岩流完全淹没的内部陨石坑，以及一些在上次熔岩流淹没事件后形成的较年轻的内部陨石坑。与卡洛里陨石坑的内部地面有所不同，托尔斯泰陨石坑的内部地面似乎没有发生过任何重大的坍塌和压缩。它是一个平坦的平原，没有皱脊，也没有与陨石坑同心的地堑，这表明托尔斯泰陨石坑下方的地壳足够结实，没有被熔岩流填充物所扭曲，能够防止内部被压缩和坍塌。有明显的迹象表明，存在一个更小但大部分特征已被掩埋的托尔斯泰多环盆地内环，其直径约 260 千米。关于这个更小的内环的相关证据，可以在平行于托尔斯泰陨石坑东南部边缘的地方追踪到，这里有一个向内弯曲的弧形陡坎，长约 150 千米。**李斯特**陨石坑（16°S，168°W，直径 85 千米）覆盖在托尔斯泰陨石坑的西侧岩壁上，它有一个平滑的被熔岩流淹没过的底面。

在托尔斯泰多环盆地的内侧陡坎和外侧陡坎之间，是一些块状地形。这片区域中最明显的特征之一，是一个宽大的环状地貌，它们由散落的昏暗地块组成，平均宽度为 125 千米，整整环绕了托尔斯泰陨石坑一圈。这些昏暗地块看上去比周围地区略微偏蓝，表明它们与周围地区在组成成分上存在差异。在托尔斯泰多环盆地的外环之外，我们可以发现一些明显的辐射线和沟槽，它们绵延了几百千米。这些辐射线和沟槽的诞生经历了两个过程：首先，这片区域遭受了二次撞击；然后，产生了结构变形。托尔斯泰多环撞击盆地拥有平滑的地面、块状的内部区域以及明显的线状外部区域，从这些方面来看，它就像是一个微型的卡洛里盆地。但是，由于卡洛里盆地规模更大，其上有许多托尔斯泰多环撞击盆地所没有的地貌特征（见上文西北象限地区）。

在托尔斯泰盆地边缘以北 150 千米处，有一组由六个相连且重叠的陨石坑组成的陨石坑群。这些陨石坑的大小都差不多，其中最大且恰好位于最东边的，是**白居易**陨石坑（7°S，165°W，直径 68 千米），它是该地区唯一已被命名的陨石坑。白居易陨石坑同时也是这组陨石坑中最古老的那个，图像显示它遭受了极为严重的侵蚀，既与它西部相邻的陨石坑相重叠，也与其北部的另一个陨石坑相重叠。

在托尔斯泰多环撞击盆地东北部明显的放射状地面上，我们还可以发现一组更加引人注目的陨石坑群。**世阿弥**陨石坑（3°S，147°W，直径 120 千米）是这组陨石坑中的佼佼者，它是一个大型的且相对较年轻的撞击坑。世阿弥陨石坑的外缘清晰但有点不规则，其内部的梯田状地貌十分明显，底面因遭受撞击而熔化过，一组分散但明亮的中央山峰从陨石坑底面升起，这些山峰在世阿弥陨石坑北部和西部的地面上勾勒出了两个明亮的弧线，并触及到了世阿弥陨石坑西面岩壁的内侧。相比之下，世阿弥陨石坑的外围却是黑暗的——一个显眼的撞击熔岩黑环包围了世阿弥陨石坑，宽约 50 千米，许多放射状的陨石坑链和较深的二次撞击坑，都通过这个熔岩黑环延伸到周围地貌中，其中两条特别显眼且连续的链状地貌，都位于世阿弥陨石坑的北部。

塞奥法尼斯陨石坑（5°S，142°W，直径 45 千米）位于世阿弥陨石坑东部，是一个年轻的撞击坑，因其明亮的中央山峰和北部地貌而引人注目。在它附近，有一条小而突出的明亮喷出物指向了**索福克勒斯**陨石坑（7°S，146°W，直径 150 千米）。索福克勒斯陨石坑更加古老，且曾遭受过更为严重的侵蚀。尽管年代久远，索福克勒斯陨石坑内部仍有梯田状地貌的遗迹，它的北部地面被世阿弥陨石坑抛出的一连串弯曲的次级陨石坑所贯穿。许多小型撞击坑点缀着索福克勒斯陨石坑的表面，此外，还有一个直径 35 千米的撞击坑，坐落在其东南岩壁之内。在索福克勒斯陨石坑正西方向，我们可以看到**戈雅**陨石坑（7°S，152°W，直径 135 千米）被包围在充满托尔斯泰放射状沟纹的地貌中。戈雅陨石坑的年龄与索福克勒斯陨石坑相仿，低矮的皱脊穿过了戈雅陨石坑的地表。此外，戈雅陨石坑紧邻一个非常大且未被命名的撞击盆地（3°S，151°W）的南部边缘。这个撞击盆地曾被熔岩流淹没过，直径约为 400 千米，东部被世阿弥陨石坑侵入，且被世阿弥陨石坑的喷出物和次级陨石坑所覆盖，除了一些较小的被熔岩流淹没了的内部陨石坑外，这个大型撞击盆地的中央高地的遗迹仍然存在，而且盆地的西侧边缘清晰可查。

托尔斯泰陨石坑的东部岩壁上，坐落着**鲁勃廖夫**陨石坑（15°S，157°W，直径 132 千米），它的南侧边缘有一个明亮的直径 20 千米的年轻撞击坑，这个年轻撞击坑的周围有一圈较明亮的喷出物，这些喷出物延伸到了鲁勃廖夫陨石坑的大部分地表上。除了托尔斯泰盆地的平坦平原，我们可以在这片区域的整个地貌中，追踪到鲁勃廖夫陨石坑的次级陨石坑和径向辐射特征。在鲁勃廖夫陨石坑的北部，我们还可以发现一些特别显眼的径向辐射地貌特征。

狩野永德陨石坑（22°S，157°W，直径 100 千米）位于托尔斯泰盆地东南方向上的一个较粗糙的区域。它有一个低矮的扇形边缘和一个非常平滑的底面，一个相当大的山峰群，位于中心略微偏北处。在狩野永德陨石坑下方，是一个未被命名的、被熔岩流淹没过的大型盆地（中心位置约为 24°S，157°W），其宽度超过 300 千米，与托尔斯泰盆地有关的山脊穿过了这一地貌。因此，可以判断：它比托尔斯泰盆地的年代更为久远。这个未被命名的盆地的西南部底面最为平滑，在那里，有一条不连贯的山脊勾勒出了盆地的主环；在整个盆地底面的其他地方，我们还可以看到许多被熔岩流淹没过的陨石坑以及两个较大的年轻陨石坑。在这片区域附近，特别是在狩野永德陨石坑北部附近和在东南部的另一个陨石坑（中心位于 26°S，153°W）附近，我们可以发现沿着盆地径向辐射的沟壑地貌。

在托尔斯泰盆地以南的地区，我们可以发现一片严重坑洼的地形，其中也夹杂着成片的平滑平原和丘陵地形。一系列重要的大型陨石坑向南延伸穿过了这片区域中南部纬度地区，最开始处是**松尾芭蕉**陨石坑（33°S，170°W，直径 80 千米），年轻且显眼，其周围环绕着一圈黑色的撞击熔岩。松尾芭蕉陨石坑有一个明亮的射线系统，其中最突出的射线部分向东北方向延伸了几百千米，直抵狩野永德陨石坑。松尾芭蕉陨石坑的边缘很清晰，其明亮的内部梯形岩壁与暗淡的平滑地表形成了鲜明的对比，陨石坑中心耸立着一座数千米高的大山丘。就其大小、形状、位置和喷出物系统而言，松尾芭蕉陨石坑与月球上著名的第谷陨石坑很相似。在松尾芭蕉陨石坑以北，有一个有趣但未被命名的陨石坑（28°S，171°W），其在大小、梯田状地貌、平滑地面和拥有巨大的中央山体方面，都与松尾芭蕉陨石坑相同；不同的只是它的南部地面完全被一个较年轻的陨石坑所覆盖，并且被一条可能与托尔斯泰盆地或蒂尔盆地有关的山脊分割开来。这条山脊在陨石坑以北继续延伸了 150 千米，穿过了大型陨石坑——**弥尔顿**陨石坑（26°S，175°W，直径 186 千米）以东的一些丘陵地块。松尾芭蕉陨石坑以北的大部分地区，都被古老的狩野永德 - 弥尔顿盆地所占据，该盆地中心位于弥尔顿陨石坑和托尔斯泰盆地边缘的中间处；但是从地形学的角度来看，狩野永德 - 弥尔顿盆地这一地貌特征其实非常不明显。

在松尾芭蕉陨石坑东面不远处，便是**乌斯塔德·伊萨**陨石坑（32°S，165°W，直径 136 千米），其地表被熔岩流淹没过，显得比较平滑，其上覆盖着来自相邻陨石坑的射线；沉入乌斯塔德·伊萨陨石坑南部地面的，是一对尚未被命名的互相重叠的陨石坑（较大的那个陨石坑直径为 40 千米），这两个陨石坑都有一个从黑暗的撞击熔岩底面上升起的小型中央隆起。托尔斯泰盆地式的线状地貌相当显眼，位于乌斯塔德·伊萨陨石坑的北部。在松尾芭蕉陨石坑的正南面，是三个连在一起的大型陨石坑；而在西面的丘陵地形上，则可以看到明显的皱褶，这些褶皱中的大部分可能与狩野永德–弥尔顿盆地有关。

藤原孝义陨石坑（38°S，163°W，直径 139 千米）、**巴尔玛**陨石坑（以前称为"雅科夫列夫陨石坑"，41°S，163°W，直径 128 千米）和一个未被命名的大型陨石坑（41°S，163°W，直径 120 千米）组成了一组突出的大型陨石坑群，处在托尔斯泰盆地和水星南极之间的一个中度坑洼的平原上。藤原孝义陨石坑底面平滑且被熔岩流淹没过，其上有几个小型陨石坑以及几个较大的褶皱；在藤原孝义陨石坑的外部，特别是在东北部，也有这样的特征，它们大概率与狩野永德–弥尔顿盆地有关。一个与藤原孝义陨石坑年龄相近的、未被命名的陨石坑坐落在藤原孝义陨石坑南部，其平滑的地表上点缀着大量来自其东部的巴尔玛陨石坑的次级陨石坑，以及四个大小不一（直径从 5 千米到 15 千米不等）的钥匙孔状陨石坑。巴尔玛陨石坑是前述三个陨石坑中最年轻的一个，它是一个典型的中型撞击坑，有着清晰的边缘，特别是在其西部有一个扇形边缘，其内部坚固的阶梯状地貌很明显，从它那平滑的由撞击填充物构成的底面上，升起了一个大型中央山体。

在把镜头进一步往南推移之前，让我们回到托尔斯泰盆地。在托尔斯泰盆地的西南部，有一个由丘陵和严重坑洼的地貌混合而成的地区，这里到处是山谷、陡坎和山脊，但也有些值得一提的大型陨石坑。**霍普特曼**陨石坑（24°S，180°W，直径 120 千米）覆盖在一个类似大小的陨石坑的东北侧岩壁上，其形态保存良好，有一个中央山体。一条蜿蜒的山谷绕过霍普特曼陨石坑最西边的地面，穿过了陨石坑的西南岩壁，而后继续向南延伸了 100 多千米。这片区域北面的**迦梨陀娑**陨石坑（18°S，179°W，直径 107 千米）非常迷人，其内部有明显的梯田式西侧岩壁，东侧岩壁虽然低矮但也清晰可辨。一个巨大的、弯曲的山体将陨石坑平滑的东部地面与构成陨石坑其余部分地面的丘陵地形剖分开来。二次撞击造成的较深的放射状沟槽，使得迦梨陀娑陨石坑周围的地貌呈条纹状；一组大约由六个突出的陨石坑组成的链坑在迦梨陀娑陨石坑的北部岩壁之外呈扇形展开；而另外几组链坑，则在迦梨陀娑陨石坑东南和南部的地貌中切割着水星地表。迦梨陀娑陨石坑本身是叠加在三个更加古老的陨石坑上的，每个老陨石坑的中心都位于迦梨陀娑陨石坑的边缘之外，一个在东部，一个在南部，另一个在西部。一些迷人的地貌位于这片区域更远的西部，这其中就有一个未被命名的陨石坑（21°S，185°W，直径 120 千米），它的底面和南侧岩壁似乎已经被地壳张力所拉开。

镜头再往北，主要地貌便不再是陨石坑，而要让位于宽阔的、被熔岩流淹没过的撞击盆地地貌——蒂尔平原。蒂尔平原（见上文西北象限地区）占这片区域面积的一半不到，但覆盖了西南象限的西北部地区。图像显示蒂尔平原有一些与卡洛里盆地有关的地形特征，包括一些来自卡洛里盆地的呈辐射状的突出山脊，以及几块来自卡洛里盆地的线状地形。在蒂尔平原上，只有一个已获命名的地貌特征比较突出，即小型陨石坑——**费特**（5°S，180°W，直径24千米）。这是一个小而完美的撞击坑，它坐落在一个山脊上，这个山脊上有几十个小型陨石坑，它们与莫扎特陨石坑（见上文西北象限地区）的连线呈放射状，距离莫扎特陨石坑中心约500千米。

陀思妥耶夫斯基陨石坑（45°S，176°W，直径411千米）比托尔斯泰陨石坑大一点，尽管它是水星上第二大已获命名的陨石坑，但由于比较古老，它在某种程度上不如许多较小的陨石坑那么雄伟。长年累月的撞击已经磨掉了陀思妥耶夫斯基陨石坑的岩壁，其地面已经被熔岩流填满，并被更远处的撞击产生的喷出物所覆盖。在陀思妥耶夫斯基陨石坑的西侧岩壁的某些地方，覆盖了一些较小的陨石坑，这算是它最突出的地貌特征了；而其东侧岩壁则不那么明显，不过，如果望向那些没有因为被撞击而湮没的部分岩壁，我们还是可以看到被放射状沟槽切开的块状曲线地貌，其中许多都延伸到了平原之外。一个特别长的、保存完好的、从陀思妥耶夫斯基陨石坑放射出来的山谷切开了水星地表，直抵陨石坑东南方向远处，从经纬度看，它从53°S，167°W一直延伸到了59°S，157°W，距离超过300千米。一个未被命名的、直径为100千米的陨石坑占据了陀思妥耶夫斯基陨石坑北部地面的很大一部分，而这个未被命名的陨石坑的北部地面本身也被另一个直径约为40千米的陨石坑所占据。陀思妥耶夫斯基陨石坑的南部地面相对平滑，没有褶皱，并且那里有一个有趣的环形地貌，即8个直径在5千米到20千米之间的陨石坑组成的陨石坑环。

虽然这可能不是一个明显的地形特征，但是，巨大且非常古老的文森特－巴尔玛盆地（见上文）确实影响到了陀思妥耶夫斯基陨石坑的部分岩壁，这两个地貌特征的边缘交织在了一起。陀思妥耶夫斯基陨石坑以东被熔岩流淹没过的平滑平原，被文森特－巴尔玛盆地内的熔岩填埋物所覆盖；这部分平原上的一些皱脊地貌，就是在文森特－巴尔玛盆地内的熔岩填埋后产生的。陀思妥耶夫斯基陨石坑的南部是**道兰德**陨石坑（54°S，180°W，直径 100 千米），内部为宽阔的梯田状地貌，它与一个较小且未被命名的陨石坑的南侧岩壁相重叠，后者地面相当杂乱，呈块状。一条从陀思妥耶夫斯基陨石坑西南岩壁延伸出来的、受挤压的叶状崖脊，穿过了陨石坑的东部，向东南方向延伸了 100 千米。这条山脊只是这片区域附近（见下文）诸多引人注目的西北—东南走向的山脊和峭壁之一。

　　梁楷陨石坑（40°S，183°W，直径 140 千米）是一个大型陨石坑，位于陀思妥耶夫斯基陨石坑的西北边缘之外，其地表被熔岩流淹没过。特别值得注意的是，有一个长约 400 千米的大型陡坎将梁楷陨石坑一分为二，并朝着陨石坑北面延伸，穿过了其他一些陨石坑。**庚斯博罗**陨石坑（36°N，183°W，直径 100 千米）十分不起眼，它位于梁楷陨石坑附近的一个严重坑洼的区域；**萨米恩托**陨石坑（30°S，188°W，直径 145 千米）也在这片区域，它是我们目前了解到的水星最西部边界处的陨石坑。从萨米恩托陨石坑以东的整个地区，到庚斯博罗陨石坑的北部和东北部，似乎都有明显的山脊线，这些山脊线与文森特－巴尔玛盆地同心，其中心在东南方向远处。

　　几条大型陡坎向东南方向延伸，穿过了陀思妥耶夫斯基陨石坑的东南部地区，进入更加寒冷、更加坑洼的水星"南极圈"。其中最突出的一条陡坎，叫**英雄号峭壁**（中心位于 58°S，171°W），它形成了一个巨大的弧形悬崖，长约 700 千米。尽管人们认为它这种叶状崖脊应该是由大规模的水星全球地质构造活动和地壳崩塌造成的，但是，似乎在某种程度上，英雄号峭壁也可以被认为是古老的文森特－巴尔玛盆地的西南轮廓。一些较短的山脊与英雄号峭壁的一部分相平行，在此区域西边的低地和紧靠东边的高地上都能看到这些山脊的踪影。英雄号峭壁西向的主要悬崖起始于道兰德陨石坑以东的一个未被命名的陨石坑（55°S，175°W，直径 90 千米），在这个陨石坑底部，有一个不寻常的放射状山谷系统，射线从其中心的一个较小的陨石坑中辐射出来。英雄号峭壁将南部的三个陨石坑群完全一分为二，之后继续向西延伸，到达最高海拔约 3000 米的地势低平区域，然后再向东弯曲，绕过一个未被命名的陨石坑（62°S，167°W，直径 85 千米）的南部岩壁。在英雄号峭壁的东端，有一个轻微的分叉，其中较小的分叉陡坎向东沉降，而主体陡坎则向着东南方向继续前进，最后在一个未被命名的陨石坑（62°S，161°W，直径 30 千米）的东侧边缘终止。

普尔夸帕号峭壁是另一个分布广泛的叶状悬崖，有些许弯曲的线状特征，大约 300 千米长，穿过了一片陨石坑较少的区域。其主要悬崖与英雄号峭壁的悬崖一样朝西，但是，它的平均高度只有英雄号峭壁的一半左右。普尔夸帕号峭壁最高和最宽的部分出现在其北段，在中段，它将一个未被命名的陨石坑（58°S，156°W，直径 12 千米）一分为二，然后向南穿过另一个相当大的、未被命名的陨石坑（60°S，155°W，直径 65 千米）的北侧岩壁，并且在该陨石坑内向西急转 90°，而后终止延伸。

格约亚号峭壁（中心位于 67°S，159°W）是西南象限地区第三个已获命名的陡坎地貌，它在英雄号峭壁的南端和**济慈**陨石坑（70°S，155°W，直径 115 千米）之间的坑洼地形上蜿蜒了约 200 千米。在北段，它将一个未被命名的大型陨石坑（63°S，166°W，直径 110 千米）一分为二，并且在该陨石坑的北部，格约亚号峭壁分叉为两个。在正南方向，它将一个较小的陨石坑的中央山体切割开来，最后终止于济慈陨石坑以北低矮的锯齿状边缘。图像显示济慈陨石坑有一个巨大的西侧岩壁以及一个微小的中央高地，但是，它的另一半特征却被一个直径 50 千米的陨石坑所覆盖，其东侧岩壁因被地壳压缩而被推向了西部。济慈陨石坑的南部是**狄更斯**陨石坑（73°S，153°W，直径 78 千米），这是一个较年轻的陨石坑，有着宽阔的梯田状内侧岩壁和一组中央山丘。一块隆起的高地位于狄更斯陨石坑西侧边缘附近，这可能是另一块陨石坑叠加在狄更斯陨石坑上的遗迹。在狄更斯陨石坑的西边，我们可以发现一个非常大的未被命名的陨石坑（72°S，178°W，直径 200 千米），其西南边缘上横跨了一个名为**莱奥帕尔迪**（73°S，180°W，直径 72 千米）的陨石坑。

　　一组突出的大型陨石坑覆盖了西南象限东南部的大部分地区，它们包括**巴赫**陨石坑（69°S，103°W，直径 214 千米）、**瓦格纳**陨石坑（67°S，114°W，直径 140 千米）、**肖邦**陨石坑（65°S，123°W，直径 129 千米）和**阿伦卡尔**陨石坑（64°S，104°W，直径 120 千米）。巴赫陨石坑是在水星半球西南象限发现的带有内环的、被熔岩流淹没过的大型陨石坑之一。它的外缘略微偏离圆形，朝向其西部的瓦格纳陨石坑扭曲。巴赫陨石坑的内环几乎是完整的，它与一个平滑的、被熔岩流淹没过的平原相接，这个平原上有一些小型撞击坑，以及一些喷出物的尘埃。位于巴赫陨石坑的内环和外环之间的丘陵地貌，主要由一些与陨石坑同心的丘陵组成。巴赫陨石坑东南部岩壁在与相邻的一个未被命名的大型椭圆状陨石坑（72°S，96°W，80 千米 × 65 千米）相交处破裂开来，这个椭圆状陨石坑的地质构造十分奇怪，它有一个非常宽的、隆起的、南北走向的山脊，贯穿了其椭圆主轴。巴赫陨石坑的南部地面与其内侧岩壁之间，有一条深谷，可能是地面填充物坍塌而发生断层造成的。陨石坑北面与该深谷相邻的皱脊，似乎印证了这一断层假说。在巴赫陨石坑周围，我们可以发现径向辐射的沟槽，特别是在巴赫陨石坑的东面和西南面，那里有一个深层地貌，穿过了**塞万提斯**陨石坑（75°S，122°W，直径 181 千米）的北部。

紧挨着巴赫陨石坑西部的是瓦格纳陨石坑，一个小型陨石坑掩盖了这两个陨石坑边缘的实际交界处。虽然瓦格纳陨石坑比较古老，但仍保留着一簇明显的中央山丘。一个年轻的、直径 45 千米的、有一个相当大的中央山峰的陨石坑覆盖在了瓦格纳陨石坑的南侧边缘上，并且从这里向东南方向延伸出了一组三个大小相当的陨石坑。叠加在这组陨石坑上的是几条狭窄的线状陨石坑链，它们从瓦格纳陨石坑岩壁一直延伸到**别林斯基**陨石坑（76°S，103°W，直径 70 千米），长约 250 千米。尽管这些特征看起来像是来源于瓦格纳陨石坑，但是，也有人认为这些特征可能是由别林斯基陨石坑的二次撞击造成的。瓦格纳陨石坑的西南岩壁，覆盖在一个古老的未被命名的陨石坑上，这个陨石坑直径达 80 千米，是人们在这片区域发现的几个类似规模的古老且被高度侵蚀过的陨石坑之一。该陨石坑的西边被较年轻的肖邦陨石坑的次级陨石坑所覆盖。肖邦陨石坑轮廓明显，内侧有着宽阔的阶梯状岩壁，从它那十分平滑的、由撞击熔岩构成的底面上，升起了一个大型中央山体。雷姆施奈德陨石坑位于这片区域东北方向约 500 千米处，来自它的喷出物和众多线状深坑和山谷横跨了肖邦陨石坑和瓦格纳陨石坑以北的地区。

别林斯基陨石坑比较深且外缘清晰，受一条大型山脊的影响，该陨石坑产生了变形。这条大型山脊穿过了巴赫陨石坑南部的平原，从塞万提斯陨石坑的边缘一直延伸到卡蒙斯陨石坑附近的平原，在卡蒙斯陨石坑附近，这条大型山脊和一些与之类似的山脊相连在了一起。于是，这条大型山脊被拓宽了，掩埋掉了卡蒙斯陨石坑的西部和北部的岩壁，还有几条山脊穿过了卡蒙斯陨石坑中央山脉周围的地面。这片区域西面的塞万提斯陨石坑是一个遭受了严重侵蚀的双环盆地，从附近几个大型陨石坑辐射出来的撞击特征、喷出物以及一些较大的陨石坑覆盖在了这个双环盆地之上。塞万提斯陨石坑北侧的双环地貌特征十分清晰，而南侧边缘则不然，那里被由许多较深的次级陨石坑组成的线状地貌所覆盖，这些次级陨石坑来源于附近的**贝尔尼尼**陨石坑（79°S，137°W，直径 146 千米）。塞万提斯陨石坑北部地面被一条深深的、略微弯曲的撞击坑链切割开来，这条撞击坑链是从巴赫陨石坑辐射出来的。塞万提斯陨石坑略微偏东北方向的内环部分已经被撞得支离破碎；西部方向上的内环部分，被两个直径 30 千米的陨石坑所覆盖；南部方向上的内环，是保存最完整的。塞万提斯陨石坑的中央平原比其内环和外环之间的区域更加平滑。它的东北部和东南部的外环岩壁已经被完全抹去，而它的西部外环岩壁则被**凡·高**陨石坑（77°S，135°W，直径 104 千米）所横跨。

凡·高陨石坑是水星上最年轻的大型陨石坑之一，其边缘轮廓清晰，内部的梯田状岩壁包围着一个由撞击熔岩构成的底面。一组山峰从陨石坑底面的中心升起，同时，在凡·高陨石坑北部底面上，还有一个巨大的弯曲状的山丘地貌。韩幹陨石坑是水星上最引人注目的年轻的辐射状陨石坑之一，它就刚好处在凡·高陨石坑以北严重坑洼的地貌景观之中，显得十分突出。韩幹陨石坑的边缘轮廓清晰，内部有宽阔且明亮的梯田状岩壁，以及一个突出的中央山峰。韩幹陨石坑的底部似乎有明亮的喷出物，但离其南侧岩壁底部最近的地面部分却显得非常黑暗。韩幹陨石坑周围有一圈斑驳的暗色撞击熔岩体，许多突出且明亮的线状射线从韩幹陨石坑向外（主要是向北）辐射，延伸了数百千米，覆盖了西南象限中南部的大部分地区。

与凡·高陨石坑的南侧边缘相邻的，是令人印象深刻的双环型陨石坑——贝尔尼尼陨石坑。在这片地区，贝尔尼尼陨石坑比其他双环陨石坑更深，其外环的内侧岩壁宽阔，呈梯田状。贝尔尼尼陨石坑的内环直径约 70 千米，由一系列断断续续的山丘组成，呈偏心类椭圆状排列；在贝尔尼尼陨石坑平滑的中央平原的中心，耸立着一座小山峰。贝尔尼尼陨石坑的西北岩壁被一个直径 50 千米的年轻陨石坑所覆盖。辐射状沟壑和链状次级陨石坑从贝尔尼尼陨石坑周围向外延伸，但是，这些地貌特征都被来自贝尔尼尼陨石坑西边一段距离处的**伊克提诺斯**陨石坑（79°S，165°W，直径 119 千米）的次级撞击物质所叠加。伊克提诺斯陨石坑的次级撞击坑链中最大的那条，一直在向东延伸，在到达贝尔尼尼陨石坑的南部岩壁周围时，变得略微弯曲。伊克提诺斯陨石坑位于一个弯曲的大型陡坎上，这个大型陡坎向北延伸到了莱奥帕尔迪陨石坑，另一个突出的陡坎也穿过了莱奥帕尔迪陨石坑的东部地面。莱奥帕尔迪陨石坑的西南边缘，被大型双陨石坑——**斯珂帕斯**陨石坑（81°S，173°W，直径 105 千米）所压陷。

水星的南极本身位于**赵孟頫**陨石坑（87°S，134°W，直径 167 千米）的底面上，赵孟頫陨石坑比较显眼，内部有宽阔的岩壁和一个巨大的中央复合山脉。其北部地面崎岖不平，到处都是山丘和小型陨石坑，这些地貌是古老的、已经基本被掩埋掉的萨迪－斯珂帕斯盆地底部的一部分，保存得最为完好。

西南象限地区其他已获命名的陨石坑（按纬度升序排列）

果戈理陨石坑（28°S，146°W，直径 87 千米）

苏里科夫陨石坑（37°S，125°W，直径 120 千米）

西贝柳斯陨石坑（50°S，145°W，直径 90 千米）

兰波陨石坑（62°S，148°W，直径 85 千米）

尹善道陨石坑（73°S，109°W，直径 68 千米）

马蒂陨石坑（76°S，165°W，直径 68 千米）

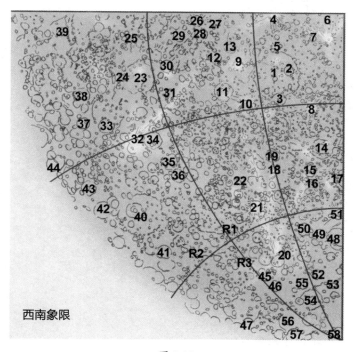

图 2.10

西南象限地区重要地形特征列表

1. 贝多芬陨石坑

2. 贝略陨石坑

3. 萨雅－诺瓦陨石坑

4. 梅纳陨石坑

5. 塞尚陨石坑

6. 朱耷陨石坑（具体地讲，这是一个陨石链坑）

7. 菲洛塞奴陨石坑

8. 艾夫斯陨石坑

9. 勋伯格陨石坑

10. 巴托克陨石坑

11. 蚁垤陨石坑

12. 曹雪芹陨石坑

13. 马克·吐温陨石坑

14. 米开朗琪罗陨石坑

15. 霍桑陨石坑

16. 哈尔斯陨石坑

17. 雷姆施奈德陨石坑

18. 雪莱陨石坑

19. 德拉克洛瓦陨石坑

20. 韩幹陨石坑

21. 文森特陨石坑

22. 西贝柳斯陨石坑

23. 托尔斯泰陨石坑

24. 李斯特陨石坑

25. 白居易陨石坑

26. 世阿弥陨石坑

27. 塞奥法尼斯陨石坑

28. 索福克勒斯陨石坑

29. 戈雅陨石坑

30. 鲁勃廖夫陨石坑

31. 狩野永德陨石坑

32. 松尾芭蕉陨石坑

33. 弥尔顿陨石坑

34. 乌斯塔德·伊萨陨石坑

35. 藤原孝义陨石坑

36. 巴尔玛陨石坑

37. 霍普特曼陨石坑

38. 迦梨陀娑陨石坑

39. 费特陨石坑

40. 陀思妥耶夫斯基陨石坑

41. 道兰德陨石坑

42. 梁楷陨石坑

43. 庚斯博罗陨石坑

44. 萨米恩托陨石坑

45. 济慈陨石坑

46. 狄更斯陨石坑

47. 莱奥帕尔迪陨石坑

48. 巴赫陨石坑

49. 瓦格纳陨石坑

50. 肖邦陨石坑

51. 阿伦卡尔陨石坑

52. 塞万提斯陨石坑

53. 别林斯基陨石坑

54. 贝尔尼尼陨石坑

55. 凡·高陨石坑

56. 伊克提诺斯陨石坑

57. 斯珂帕斯陨石坑

58. 赵孟𫖯陨石坑

R1. 普尔夸帕号峭壁

R2. 英雄号峭壁

R3. 格约亚号峭壁

第三章

人类目前对金星的认识

3.1 | 金星的公转轨道

金星到太阳的平均距离为 108,208,926 千米（即 0.7233 天文单位），其恒星轨道周期为 224.7 天。在近日点，这颗行星到太阳的实际距离为 107,476,002 千米（即 0.7184 天文单位）；在远日点，这颗行星到太阳的实际距离则为 108,941,849 千米（即 0.7282 天文单位）。

金星的公转轨道平面与黄道平面夹角为 3.4 度（与太阳赤道面夹角为 3.9 度），公转轨道偏心率仅为 0.007，在太阳系所有行星的公转轨道中，金星的公转轨道最接近圆形。金星绕日公转的平均轨道速度为每秒 36.020 千米，由于其围绕太阳公转的轨道几乎是圆形的，所以，它在近日点时的最大轨道速度（每秒 36.259 千米）和在远日点时的最小轨道速度（每秒 35.784 千米）之间，差别不是很大。

在金星与地球相距最近的时候，金星到地球的距离（达到最小）为 38,150,900 千米（即 0.26 天文单位，或 2.1 光分）——这比其他任何行星到地球的最近距离都要小，比火星到地球的最近距离还要小约 1640 万千米。在金星与地球相距最远的时候，金星运行到太阳的另一边（这一边为地球所在侧），此时金星到地球的距离（达到最大）为 261,039,880 千米。

从地球上看，金星的会合周期（即它连续两次与太阳会合之间的时间间隔）是 583.92 天，这几乎相当于 5 个金星上的太阳日。当地球经过 8 次绕日公转且金星经过 13 次绕日公转后，这两颗行星将会处于几乎相同的相对位置——距离 8∶13 的完美轨道共振仅差 0.032%。每隔 8 个地球年或是 13 个金星绕日公转周期，金星便会出现在比它之前所在的相对（地球的）位置靠前 1.5 度的地方，也即延后约 22 小时才会到达它之前所在的相对（地球的）位置。无论这一比例多么接近 8∶13，都只被人们认为是二者轨道频率的巧合，不是金星和地球之间发生了真正的轨道共振，因为随着时间的推移，这微小的差异叠加起来，会使得金星的前后相对位置产生巨大的不匹配性。在短短 960 年后，地球和金星这两颗行星就将处于完全相反的相对方向。这会影响到金星凌日的时间间隔，目前每隔 8 年会发生两次金星凌日，每种相同的金星凌日时间间隔会持续 243 年。

类似的轨道频率重合也发生在金星和水星之间。在这种情况下，水星和金星的绕日公转轨道近似共振的比例为 9∶23。然而，（随着时间的推移，）金星相对水星位置的不匹配性，比前述金星相对地球位置的不匹配性还要大。每过一个周期，水星都会偏离原先位置 4 度，这会导致水星和金星这两颗行星在短短 200 年的时间里就会出现在彼此完全相反的相对方向上。

3.2 | 金星的物理尺寸

金星是一颗主要由硅酸盐岩石构成的类地行星,在这一点上,太阳系内的所有四颗内行星都一样。金星的赤道直径为 12,104 千米,仅比地球的赤道直径小 650 千米。金星的极地直径和赤道直径之间的差异究竟是多少,目前尚不清楚,但是由于金星的轴向旋转速度很慢,所以,人们认为它的极地直径和赤道直径之间的差异应该非常小,远远小于地球的极地直径和赤道直径之间的差异——43 千米。

金星的体积约为 9380 亿立方千米,是地球的 0.857 倍。金星的表面积约为 4.6 亿平方千米,是地球的 0.9 倍;或者,用更容易想象的表述就是"金星的表面积相当于地球的表面积减去北大西洋的面积"。

由于金星与地球大小相似,而且靠得很近,所以金星有时被人们称为地球的"双胞胎"或是"姐妹"行星。然而在其他许多重要方面,这两颗行星的差异都很大,所以最终导致一些人开玩笑地把金星称为地球的"邪恶双胞胎"。

3.3 金星的质量、密度和引力

　　金星和水星一样，没有自己的天然卫星。但是，人们利用开普勒第三定律，对环绕金星运行的空间探测器的轨道进行分析，确定出其质量为 4.87×10^{24} 千克（4.87×10^{21} 吨），约为地球质量的 81.5%，这使得它能够成为太阳系中质量第七大的天体。

　　金星的平均密度为 5.204 克 / 立方厘米，比水星的平均密度（5.43 克 / 立方厘米）或是地球的平均密度（5.52 克 / 立方厘米）均略小。金星赤道表面引力是地球赤道表面引力的 90%，金星的逃逸速度为每秒 10.46 千米。

3.4 ▌金星的自转轴倾斜和自转周期

金星的自转轴与它围绕太阳公转的轨道轴间仅有 2.64 度的倾斜，因此，在这颗行星上的任何地方，就我们所能接收到的阳光和太阳能量而言，其季节性变化都可以忽略不计。[1]金星的北天极位于赤经 18 时 10.9 分、赤纬 67 度 9 分，即位于天龙座，具体地讲，是在天龙座上弼星（即天龙座 ζ 星）和天厨星（即天龙座 δ 星）的中间位置。御女四星（即天龙座 χ 星），其亮度达到 3.56 星等，偏离金星的北天极约 5.5 度，是距离金星北天极最近的亮星。金星的南天极位于剑鱼座，偏离大麦哲伦星云少许。然而，金星的表面永远被浓密的云层所覆盖，因此，在正常的星光照耀下，我们在金星上永远也看不到任何星星。即使是太阳，从金星表面上看，它也只有 44 角分宽，视星等为 −27.6，而且总是被云层完全遮挡住。

金星是太阳系所有行星中自转速度最慢的，每隔 243.02 天才绕其自转轴转动一次。金星的自转是逆行的[2]，即当我们从金星北极上方往下看时，它在以顺时针方向自转，在太阳系的八大行星中只有天王星有类似这种现象。金星上的一个恒星日，比金星围绕太阳公转一圈的周期还要长 18.3 天。站在金星赤道表面的一个点上，我们会看到太阳（当然，如果太阳在金星上可见的话）似乎是从西边升起（需要 4.75 小时才能完全升到地平线以

---

[1] 换句话说，金星上没有明显的季节变化。

[2] 相较于太阳系内的大多数行星自转方向是自西向东，金星的自转是逆行的，即自东向西。

上），并在大约 116.75 天后从东边落下（下落过程与升起过程需要同样长的时间）。在赤道上，金星表面的旋转速度仅为每小时 6.5 千米，大约等于人类的平均步行速度，这比水星赤道表面的旋转速度慢得多，仅是地球赤道表面的旋转速度的约 1/256。

3.5 ┃ 金星的起源

　　在球状太阳星云坍塌和原太阳形成后约 2 亿年内，原水星、原金星、原地球和原火星成长为内太阳系的主要天体，这四个大型原行星均主要由硅酸盐和金属组成。人们认为，所有这些原行星的质量，都还没有大到能够通过引力吸引周围物质形成一个物质盘，从而在物质盘中孕育出属于自己的卫星。

　　内太阳系的原行星们吸收了大量的尘埃与气体，并且经历了无数次撞击，积累了大块的固体物质，扫清了各自公转轨道上所有可用的物质。由于小行星撞击、内部压力和元素的放射性衰变，原行星内部产生了高温，结果导致组成原行星的物质熔化了。这时，行星分化发生了，较重的元素下沉，形成了行星核心，较轻的物质则上升，形成了地幔和地壳。

　　当金星刚从太阳星云中形成，还是一颗年轻的行星时，它可能（和所有其他主要行星一样）是快速自西向东自转的，自转周期比较短，这一点与目前的金星有很大的不同；目前的金星自转方向是自东向西，而且自转缓慢、周期长。目前关于早期太阳系动力学的模型显示，行星及其轨道的角动量与太阳星云的初始角动量方向相同。由于行星自身、太阳、环绕行星的卫星以及相距较近的其他行星之间的潮汐引力相互作用，一颗行星的自转速度是可以改变的。就金星而言，太阳对其稠密大气层产生的潮汐效应，无疑对其自转产生了制动作用；但是，仅凭简单的"太阳—金星潮汐效应"无法解释这颗行星为何逆向自转。于是，有人认为，在金星形成的早期，一颗较小的原行星与金星发生了碰撞，

"太阳—金星系统"随之产生了巨大的震动，使得金星的自转方向急剧地发生了逆转。没有直接的证据证明金星遭受过这种撞击，但地球遭受过。人们在月球上发现了相关证据，认为在大约46亿年前，一颗火星大小的行星撞击了地球（从而造就了今天我们看到的"地月系统"）。如果金星确实曾经遭受过类似形式的撞击，并且撞击结果形成了一颗卫星，那么，这颗卫星应该是早早地消失了，它可能是因为被潮汐力撕裂，其碎片分布在内太阳系；也可能是因为撞击到了金星的表面从而成了金星的一部分。

3.6 金星的地表演化历史

随着原行星地壳的增厚和硬化，无数小行星撞击产生的印记便开始以陨石坑和盆地的形式被保留下来。熔岩流通过地壳裂缝侵入地表，浸满了许多撞击特征的表面。现今，我们可以清楚地看到：在月球、水星和火星上，都有"大轰炸"时期因遭受小行星撞击而遗留下来的痕迹。"大轰炸"时期是小行星撞击的高发期，结束于大约 38 亿年前。那些撞击物的一部分可能来自内太阳系，但更多的应该是来自外太阳系，它们由于受到巨大的外行星的引力作用而撞向月球、水星和火星等天体。

然而，我们在金星和地球上却都没有看到这一远古"大轰炸"时期留下来的痕迹。尽管已经获得确认的金星撞击坑接近 1000 个——大约是地球上被确认的撞击坑数量的四倍——但与月球、水星和火星上的大多数大型撞击坑相比，这些撞击特征都非常年轻。持续不断的火山喷发已经抹去了所有远古时期存在于金星上的撞击特征。据估计，现在的金星表面的平均年龄只有 5 亿年。在地球和金星这两颗大小相似的行星上发现的撞击坑数量的差异，可以用一些因素来解释。地球表面的 75% 是覆盖在大洋地壳上的水，而海底地貌由于海底扩张，处于不断更新的状态。例如，在大西洋底部发现的最古老的岩石只有 1.8 亿年的历史，所有更古老的物质都从大洋中脊向侧面分流，并俯冲到大西洋两岸的大陆之下。侵蚀、沉积、板块构造和地壳皱缩湮没了地球上最古老的撞击特征，留下的只是一些较年轻的特征。

尽管在金星上的任何地方都没有出现扩张的大洋中脊、横向断裂和俯冲带①，但这并不是说这颗星球上就缺乏地壳运动和构造活动。金星的许多地表地质与地球大陆的地质非常相似，有许多大型山脉、地壳断裂带和大型走滑构造系统；在这些走滑构造系统中，断层作用使得地壳块体产生了相对水平运动。

---

① 俯冲带，通常指大洋板块俯冲于大陆板块之下的构造带。

3.7 金星的构造特征

  和地球一样，金星有一个巨大的熔融镍铁核心，一个炽热的、韧性好的岩石地幔和一个岩石地壳。它的核心被认为与地球核心大小差不多，直径约 2400 千米。金星的地壳由玄武岩类物质组成，与构成地球海洋板块的物质相似，厚度在 20~40 千米之间；地球的海洋地壳厚约 10 千米，而大陆地壳的平均厚度为 40 千米。几十年来，行星科学家们一直在试图了解：金星和地球这两颗大小、结构和组成如此相似的行星，为何具有如此不同的地壳特征。

  金星的全球地质构造活动，似乎差不多完全由从地幔深处产生并侵入岩石圈的热羽流所驱动，热羽流造就了火山隆起地貌和被称为"热斑"的火山活动区。地球上也有"热斑"，最著名的例子之一是太平洋上的夏威夷群岛。在夏威夷群岛海域，由于海床在相对静止的"热斑"上移动，于是形成了一系列隆起特征，其中最年轻的特征仍然处于遭受火山活动影响的状态。

  金星不像地球那样有一个活跃的、可移动的海洋地壳，它的陆地高原也不处在漂移的过程中。在金星上，地幔在其热斑处的对流运动导致上方地壳变形，于是，在一定区域范围内产生了压缩和拉伸地貌特征。这些地貌特征包括断层和皱脊，其中许多地貌特征是平行出现的，或者是沿着与地壳变形和地壳应力方向相同的方向延伸。

  另一种被称为"镶嵌地形"（来源自希腊语"tessera"，一种镶嵌地面）的构造特征是金星独有的，它覆盖了 10% 的金星表面。"镶嵌地形"是金星上构造变化最为剧烈的地形，它是由地壳的丘陵部分组成的，这些丘陵被纵横交错的断层网络（通常朝向一个特定的方向）分裂成若干较小的角块，直径从几千米到20多千米不等。"镶嵌地形"被认为主要是构造活动压缩地壳造成的结果，它代表了金星上任意特定环境中最古老的地壳单元。这些地区的地壳可能最初要比周围地区薄弱，且由不同类型的岩石组成，因而更容易发生断层和变形。或者（也存在另外一种可能），在金星表面之下，"镶嵌地形"的比例可能要大得多，地表可见的镶嵌地形只代表了一小部分古代地壳样本。在金星表面重构的最后一个主要阶段，大部分古代地壳被熔岩流掩埋了。

3.8 | 金星的土壤和高原

在数亿年的时间里，金星上的"热斑"驱动其上方地壳，塑造了一系列特征。首先，金星地幔中的对流羽流创造出了一个大型隆起区域或穹顶。隆起的地壳中的应力，塑造出了断层、裂谷和巨大的山谷（称为"峡谷"）等地貌。炽热的侵入物熔化了周围的岩石，产生了火山活动，熔化物被喷射到地表，形成火山并在金星表面沉积了大量熔岩物。随着时间的推移，这些熔岩物使得地壳进一步增厚，最终在"热斑"上建立起了一个火山高原。

金星上有三个广阔的高原地区，它们分别是伊什塔尔高地、阿芙洛狄忒高地和拉达高地。每个高原地区的大小都与地球上的大陆相当，另外还有一个较小的高原，叫作贝塔区。

伊什塔尔高地（中心位于 70°N，28°E）是金星北半球的主要地貌。这片广阔的高原东西方向长约 5600 千米，面积约为 800 万平方千米，相当于地球上澳大利亚的面积。拉克希米高原（中心位于 69°N，339°E）也是一个广阔的平原，宽约 2345 千米，它占据了伊什塔尔高地东部相当大的一片区域。拉克希米高原被四条巨大的山脉所包围，即东部的麦克斯韦山脉、北部的芙蕾雅山脉，西部的阿克娜山脉和南部的达努山脉。在这些山脉中，麦克斯韦山脉的主峰海拔最高，达到了 11 千米。看着拉克希米高原及其周围的山脉，让人不禁联想到地球上的青藏高原及其山脉边界。金星和地球上的这两个地貌特征，可能具有相同的起源模式——它们都是两个或若干个板块的交会边界，那里地表褶皱隆起，因而形成山地。拉克希米高原的面积是青藏高原的两倍。

阿芙洛狄忒高地（中心位于 6°S，105°E）长约 1 万千米，这一地貌特征几乎环绕了金星 1/3 圈，其大部分位于赤道以南。阿芙洛狄忒高地的面积约为 1500 万平方千米（约为非洲面积的一半）。它的大部分地区是崎岖不平的地形，地形高度差最高可达 7 千米。有很多证据表明，来自不止一个方向的地壳内力在该地区起作用，因而产生了复杂的褶皱、山脊和断裂地貌。阿芙洛狄忒高地可能是一个正处于地壳张力构造和新地壳形成阶段的区域，有些类似于陆地洋底扩张产生的大洋中脊。

拉达高地（中心位于 63°S，20°E）宽约 8600 千米，是金星高地地貌特征中最不险峻的。它包含许多镶嵌地形和几个大的冠状山，可以发现一些深的地堑式峡谷穿过了拉达高地的北部。

贝塔区（25°N，283°E）的直径约为 2869 千米，它是金星火山上升造就的最大地貌之一。忒伊亚山（23°N，281°E）是位于贝塔区中心的一座大型盾状火山[1]，其底部直径为 226 千米，高度超过 4500 米，一个尺寸为 50 千米 × 75 千米的大型火山口是它的顶峰。这个火山周围是一片广阔的熔岩流覆盖区域。忒伊亚山位于穿越了贝塔区的裂谷系统的中心，其中许多裂谷径向延伸到了这座火山处。这些地堑（或裂谷）[2]特征通常长 40~160 千米，宽 40~60 千米，且一般具有 500~1000 米高的隆起边缘。

---

① 盾状火山，即具有宽阔顶面和缓坡度侧翼（盾状）的大型火山。

② 地堑与裂谷在成因力学性质和剖面表现形式上是相似的，都是引张作用的结果，但在规模和产出规律方面有着本质的差别。原文表述内容在此处对地堑与裂谷二者没有进行区分。

分析表明，它们的形成是由于地壳在贝塔区的隆起过程中受到了张力的影响，因而产生了约 5%~10% 的地壳伸展。这些地堑（或裂谷）特征中，有一些延伸到了贝塔区外，并穿过了周围的低洼地貌。

3.9 金星是真正的火神

　　金星是整个太阳系中拥有火山最多的星球。在金星上的几百个大型火山区中，分布着 55,000 多座火山，它们的底部直径均大于 1 千米；而金星上火山的总数则超过 10 万座，且很可能接近 100 万座。到目前为止，人们发现这些火山中的大多数都是或大或小的盾状火山，虽然金星上目前很可能仍然有火山活动，但是人们不知道具体有多少活火山。相比之下，地球上陆地表面仅有大约 1500 座活火山，其中大多数位于俯冲带之上，例如，环绕太平洋的"环太平洋火山带"；而沿着大洋中脊分布的海底活火山，其数目很可能大约是陆地表面活火山数目的五倍。

盾状火山

　　在金星表面，有 150 多座大型盾状火山，它们的底部直径在 100~700 千米之间，高度在 300~5500 米之间。相比之下，地球上最大的盾状火山——莫纳罗亚火山[1]，其底部直径也才 120 千米，但高度有 8000 米。盾状火山散布在金星的大部分地区，但几乎没有证据表明金星上的这些盾状火山彼此连接成链，就这一点而言，它们与地球上的许多火山有所不同。在金星上的低地平原和高原地区，大型火山相对较少；与之相反，在比金星平均海拔高出 2000~3000 米的高地地区，我们可以发现数量多得不成比

---

[1] 莫纳罗亚火山是地球上最活跃、最大的活火山，位于美国夏威夷火山国家公园内。

例的火山。

　　尽管金星上的盾状火山通常比地球上的盾状火山更宽、更平，但它们仍然与地球上的盾状火山相似，例如，它们的缓坡都被从中央喷口或顶部火山口辐射出来的长条状熔岩流所覆盖。

表 3.1　金星上一些值得注意的大型盾状火山

名称	位置	底部直径（千米）	高出周围环境的高度（米）	火山口直径或长宽（千米）
忒伊亚山	23°N, 281°E	226	4500	75×50
西芙山	22°N, 352°E	300	2000	50×40
古拉山	22°N, 359°E	276	3000	40×30
撒帕斯山	9°N, 188°E	217	1500	25
乌莎斯山	24°S, 325°E	413	2000	15

　　金星上的火山活动表现出一种比较"柔和的"喷发风格，其液态熔岩流从中央火山口或沿着裂缝喷出，与夏威夷莫纳罗亚火山的喷发类型很相像。在金星上，几乎没有证据表明存在有爆炸性的、可形成火山灰的伏尔坎宁式[①]或维苏威式[②]火山喷发。然而，有大量证据表明金星上存在有黏性、富含硅酸盐的熔岩流。在金星上，有许多小型圆形"煎饼状"穹顶的火山，其顶部平坦且有通风口，边缘陡峭，由黏性熔岩和（或）火山灰沉积而成。这些"煎饼状"穹顶，一般比在地球上发现的类似特征要大一到两个数量级，它们的形成通常与断层和地壳变形多的地区有关，

---

① 伏尔坎宁式（Vulcanian type），一种火山喷发类型。
② 维苏威式（Vesuvian type），又称"普林尼式"，是一种火山喷发类型，其特征像公元 79 年发生的维苏威火山喷发，它是所有火山喷发类型中规模最大、最猛烈的。

例如，在冠状山和镶嵌地形周围经常会有"煎饼状"穹顶的火山。

　　许多因素限制了金星上的火山发生爆炸性喷发。金星大气压力高，这决定了其喷发熔岩流中的气体含量必须远远高于地球上的同类喷发熔岩流中的气体含量，如此才能在金星地表产生爆炸性喷发。此外，地球上火山的爆炸性喷发主要依赖于含水量高的上升岩浆和入侵岩石，而这些物质在金星地幔和地壳中并不常见。在地球上，当上升的热岩浆（温度在 600~1170 摄氏度之间）与地面或地表水接触时，就会发生被称为"潜水蒸气喷发"的重大火山爆发。水几乎瞬间被加热成蒸汽，产生爆炸，喷出大量的火山灰、岩石和火山弹[①]。1980 年，这种类型的火山爆发发生在了美国华盛顿州斯卡梅尼亚县境内，这次爆发撕开了圣海伦火山的顶部。[②]

　　只有一小部分小型火山位于金星上的高原地区，大多数火山都出现在低海拔地区和平原上。约有 80% 的金星低地平原是由火山熔岩流形成的，毫无疑问，其中许多熔岩流覆盖掉了低地平原地区的大量小型火山。

　　据估计，金星上有 10 万多个盾状火山，其中大多数都很小，且基底直径大约在 30~40 千米。在如此众多的盾状火山中，有几十个被称为"海葵式"盾状火山。这些"海葵式"盾状火山地貌特征是金星特有的，它们有一个中央喷口，周围是呈花状分布的狭窄熔岩流，对测绘雷达来说，这些狭窄熔岩流看起来像是环绕火山的明亮条纹。金星上另一个不同寻常的火山类型，被称为"蜱

① 火山弹（volcanic bombs）是火山喷发时，熔岩被抛到空中，在空中急速飞行，受到阻力、张力作用，发生旋转，于冷却或半冷却状态下落地而成的弹状体。
② 1980 年 5 月 18 日，美国华盛顿州斯卡梅尼亚县境内的圣海伦火山发生了一次重大爆发，这是美国近代死亡人数最多、经济损失最为惨重的一次火山爆发。

虫式"火山（因为其与这种小昆虫很相似），这种火山由一个光滑的洼地组成，洼地内有一个火山口，周围有一个凸起的边缘，边缘之外是许多辐射状的山脊。有证据表明，许多火山的穹顶在其边缘处发生了坍塌，火山穹顶坍塌的部分化为了滑坡碎屑、扇形边缘和（或）同心裂缝等地貌特征。

在金星上，我们随处可以见到许多火山锥[①]地貌特征，它们与地球和月球上的火山锥相似。金星火山锥的俯视轮廓主要是圆形的，坡度在12~23度之间，高度在200~1700米之间。原始火山喷口的遗迹，几乎总是可以在火山锥的顶部被找到，但是在火山锥的斜坡上却通常看不到单个熔岩流的遗迹。对于通常在断裂平原上以小群体形式出现的一些火山锥，有证据表明，它们是在地壳经历断层作用（被断层切割）之前形成的，而其他火山锥，则是在地壳发生断层作用之后形成的（即火山锥叠加在断层地貌之上）。

---

① 火山锥（volcanic cone）是火山喷出物在喷出口周围堆积而形成的山丘。

3.10 熔岩流

熔岩流覆盖了金星的大部分表面。一共有三种类型的熔岩流特征：大型熔岩流场区（被称为"熔岩流波地块"）、长熔岩流通道及其相关的火山盆地。

大型熔岩流场区

金星上有 50 多个大型熔岩流场区，其中大多数熔岩流场区的长度在 100~700 千米之间，宽度约为 50~300 千米。大多数熔岩流场区分布在低地平原隆起的边界附近，并汇入了平原，但也有一些熔岩流场区分布在盾状火山附近。米利塔熔岩流波地块（56°S，354°E）是金星上最大的熔岩流场区之一，长 1250 千米，宽 500 千米，覆盖面积很广，是美国最大的玄武岩熔岩场区（位于爱达荷州的月球环形山国家纪念碑）覆盖面积的 400 倍，或者大致相当于月球雨海中玄武岩熔岩海的面积。有充分的证据表明，米利塔熔岩流波地块与金星上的其他许多大型熔岩流场区一样，因一系列的火山喷发而形成，这一系列的火山喷发大都有着单一的喷发源，并且持续喷发了许多年。

在某些情况下，例如，在拉克希米高原东部的平坦平原上，我们可以通过雷达反射率的大小来推断相应熔岩流波地块的特性。雷达图像显示为深色的熔岩流波地块，可能表示其构成为高度延展的、由绳状玄武岩熔岩[1]组成的平滑熔岩流；雷达图像显示为较亮的熔岩流波地块，可能表示一些粗糙的地质表面，其构成类似于移动缓慢的渣块熔岩流[2]。一些熔岩流波地块的雷达图像显示为轮廓清晰的、呈现流线型隆起的岛屿，按照其周围的熔岩流动方向，可以推断出其形状像泪珠。

长熔岩流通道

金星上的熔岩流通道是因流动的熔岩作用形成的，表面上看起来像干涸的河床，它们与在月球上发现的蜿蜒的裂缝（即"月隙"）非常相似。金星上已经被确认的熔岩流通道大约有 200 条，其中大多数都蜿蜒地穿过了熔岩洪流区，或是从盾状火山的侧面流下。熔岩流通道与它们在月球上的相似地貌特征一样，通常成群结队地出现，而且，金星熔岩流通道的宽度也与月球上的蜿蜒裂缝差不多，平均宽度在 500~1500 米之间；它们的长度则从几十千米到几百千米不等，其中大多数都不到 400 千米。巴尔提斯峡谷（中心位于 37°N，161°E）是金星上最长的熔岩流通道——事实上，它有 6800 千米长，是整个太阳系中最长的熔岩流通道。它沿着一条穿过亚特拉区西部表面的路径，向北延伸到阿塔兰忒平原中的低地区域。尽管巴尔提斯峡谷很长——比地球上的尼罗河还长——但这条引人注目的熔岩流通道的平均宽度却仅约1.8 千米。它的两端都被熔岩流所覆盖，因此，人们还不能确切

---

① 绳状玄武岩熔岩（pahoehoe-type basaltic lava），熔岩外表与钢丝绳、麻绳、草绳等极为相似，成分则是玄武岩。
② 渣块熔岩流（aa lava flows），熔岩在流动过程中，表层熔岩不断固结，固结的表层随着熔岩的流动不断发生脆性破裂，形成"渣块"。

地知道它的真正分布范围。

有很多证据表明，熔岩流通道侵蚀了原先就存在的熔岩流地貌。此外，那些随处可见的曲流地貌、辫状物和残存熔岩流通道，也等于是在证明这些熔岩流通道是在很长一段时间内形成的，并且是经由不止一次的火山熔岩喷发才形成的。一些金星上的熔岩流通道，似乎在一个明确界定的、更宽的地形带内延伸，该地形带内有辫状物和残存熔岩流通道，其与地球上的河流非常相似，地球上的河流通常被更宽广的洪泛平原内的牛轭湖①以及废弃河道所包围。火山洼地通常会与蜿蜒的裂缝地貌相连，形成一个"湖泊"，许多蜿蜒的裂缝看上去都发源于这个"湖泊"。这些洼地的轮廓不规则，边缘呈圆形，其表面是火山喷口上方熔岩汇集的产物。随着火山活动的减少，这些洼地遭受到了侵蚀和（或）地表沉降。

---

① 牛轭湖（oxbow）即"弓形湖"，在平原地区流淌的河流，河曲发育，随着流水对河面的冲刷与侵蚀，河流愈来愈曲，最后导致河流自然截弯取直，河水由取直部位径直流去，原来弯曲的河道被废弃，形成湖泊，因这种湖泊的形状恰似牛轭，故称之为牛轭湖。

3.11 ▎构造火山的结构

除了可明确识别的火山喷发特征外，金星上的火山活动还与地质构造活动、地壳应力和上升岩浆之上的断层作用相结合，形成了复杂的构造火山特征。我们已经在金星上发现了各种类型的构造火山的结构，并根据其断层性质加以区分。

火山臼[①]

在金星上，大型侵入型岩浆室会上升到岩石圈，使其变形为一个圆顶，从而产生地壳张力和压缩，进而转化为褶皱、地壳伸展、同心断层、裂缝和细沟等地貌特征，这样的例子有许多。这些地貌特征通常与一系列的火山活动和岩墙[②]形成有关。在许多情况下，岩浆室内的岩浆其实已经停止上升，过早地冷却并退回了岩浆室，这会导致岩浆室顶部发生坍塌，最终在行星表面形成一个大的圆形或细长的凹陷，称为"火山臼"。金星上的火山臼通常出现在高原地区，由于它们没有块状的凸起边缘和宽阔的梯形内壁，因此，很容易将其与撞击坑区分开来。此外，（与很多撞击坑相比，）它们也缺乏内环特征或明显的中央隆起，而且火山臼周围也没有（像很多撞击坑那样）覆盖一层喷射物。

虽然月球和水星上有没有火山臼尚未可知，但是，我们知道

[①] 火山臼，也称"破火山口"，是一种在火山顶部的较大的圆形凹陷。

[②] 岩墙（dyke），又称为"岩脉"，是岩浆沿周围岩石的裂缝挤入后冷凝形成的地貌特征。

地球上有许多火山臼（尽管它们比金星上的火山臼要小得多）。地球上最大的、保存最完好的火山臼是位于坦桑尼亚的恩戈罗恩戈罗火山，其直径约 20 千米，深 610 米，有陡峭的内壁，火山臼包围了 260 平方千米的区域。金星上的火山臼在外观上与地球上的火山臼相似，但它们通常比恩戈罗恩戈罗火山大得多。

冕状物

雷达成像显示的金星地貌中的一个显著特征是冕状物，它是由同心断层和山脊环绕着的大型火山臼，沿其径向分布着诸多断层和熔岩流。冕状物通常是椭圆形的，直径在 100~1000 千米之间，但是，大多数冕状物的平均直径在 200~250 千米之间。火山活动是通过上升的岩浆羽流形成的，这些岩浆羽流使得地表升高并造成地表断层，火山活动相对短暂，其喷出物不足以完全掩盖被抬升的地表。在短暂的火山活动期间，可能会出现一些小型火山喷发特征，（例如，）熔岩流和"煎饼状"火山经常出现在冕状物内及其周围。一旦侵入的岩浆冷却，冕状物的中心隆起就会下沉，从而产生一个具有陡峭内壁和更多断层特征的火山臼。

目前已知金星上有 200 多个冕状物地貌，其中大多数冕状物占据了金星平原内较高的部分区域，这些地区经历了区域性的地壳压缩。许多冕状物以链状或小群体的形式出现，特别是在贝塔区、亚特拉区和忒弥斯区周围，沿着帕尔恩格深谷的区域，以及赫卡忒深谷附近。然而，这些冕状物群在金星的分布是不均匀的，在 0°E~180°E 之间的金星南半球和东半球只发现了少量的冕状物群。

蛛网膜地形

蛛网膜地形这个名字，源于这种地形的外观与蜘蛛或蜘蛛网很相似。蛛网膜地形被认为是冕状物的"姊妹"地貌，只是规模较小，但二者具有相同的起源模式。蛛网膜地形是圆形结构，其直径在 50~250 千米之间。与冕状物一样，雷达图像显示它们也有一圈断层和山脊特征，以及沿着径向分布的断层和山脊，但它们的环状结构通常完全包围住了径向特征。许多径向特征可能代表的是岩墙。无论是哪个蛛网膜地形，雷达图像都显示那里只有较少的火山活动，而且其内部出现熔岩流的情况也很罕见。金星上已知的 250 个蛛网膜地形，总共形成了 4 个大型蛛网膜地形集群，每个大型集群中大约有 60 个蛛网膜地形。有点令人困惑的是，在金星地图上，官方给出的相关地物名称是重叠的，没有单独指定哪块区域属于哪个蛛网膜地形。金星上的大多数蛛网膜地形都被分类到了"冕状物"类，其他一些则被称为"火山口"，还有一个被官方命名为了一座"山"。

新星状特征

新星状特征也被称为"星状断裂中心"，由断层和（或）岩墙组成，以"星状"模式排列，围绕着一块穹窿状隆起地貌。新星状特征的大小与蛛网膜地形差不多，大多数新星状特征的直径在 150~200 千米之间。雷达图像显示，新星状特征所在地的火山活动较少。这些新星状特征中，有 50 多个被认为很可能代表着蛛网膜地形特征形成过程中的第一阶段。

坑 链

在地堑或地壳伸展的地方，我们有时可以看到这些小型陨石坑或深坑链。从表面上看，这种坑链非常类似于次级撞击链坑，但实际上，它们是在断层谷[1]因地壳张力而变宽的过程中，地表产生塌陷而形成的。

---

[1] 断层谷（fault valley），即沿断层线发育的谷地。

3.12 撞击特征

金星有着如此年轻的地质表面——其大部分地表的年龄都小于 5 亿年——因此，我们现今不可能在金星上追踪到任何真正古老的撞击特征。在月球和水星（某种程度上也包括火星）上，我们看到了许多巨大的撞击特征，但是这类特征在金星上根本检测不到。金星上最年轻的陨石坑，比通过小型望远镜观测到的绝大多数月球陨石坑都要年轻，并且，它比月球上大而明亮的、呈辐射状的哥白尼陨石坑还要年轻一半。

大约有 1000 个金星撞击坑——所有这些撞击坑都是在过去 5 亿年内形成的——以随机但均匀的方式分布在这颗星球的表面。金星上只有 9 个陨石坑的直径大于（等于）100 千米，米德陨石坑（13°N，57°E）是金星上最大的陨石坑，其直径为 270 千米，与位于加拿大安大略省的萨德伯里陨石坑差不多大，萨德伯里陨石坑形成于 18 亿年前，是地球上的第二大撞击特征。

金星上的小型撞击坑数量比太阳系中任何其他行星上的都要少。金星上较小的那些撞击坑，其直径均大于 1.5 千米，与位于美国亚利桑那州的巴林杰陨石坑[①]大小相当。金星上的小型撞击坑数量之所以少，是因为金星拥有相当厚实的大气层，它成功阻挡了除较大流星体以外的其他诸多流星体撞击到行星表面。据估计，任何直径小于 30 米的铁质流星体，都会在金星大气层中燃烧起来，并在其下降过程中因过热而发生碎裂或气化。

---

① 巴林杰陨石坑，是 2 万至 5 万年前重约 30 万吨的陨石撞击地球形成的陨石坑，其直径约 1.2 千米，位于美国亚利桑那州一片平坦的高原上。

表 3.2　金星上的大型撞击坑列表

撞击坑名称	中心位置	直径（千米）
1. 米德	13°N, 57°E	270
2. 伊莎贝拉	30°S, 204°E	175
3. 迈特纳	56°S, 322°E	149
4. 克连诺瓦	78°N, 105°E	141
5. 贝克	63°N, 40°E	109
6. 斯坦顿	23°S, 199°E	107
7. 克娄巴特拉	66°N, 7°E	105
8. 罗莎·博纳尔	10°N, 289°E	104
9. 科克伦	52°N, 143°E	100
10. 塞耶斯	68°S, 230°E	98
11. 玛利亚·切莱斯特	23°N, 140°E	98
12. 波塔尼娜	32°N, 53°E	94
13. 格林纳威	23°N, 145°E	93
14. 邦内维	36°S, 127°E	92
15. 约里奥·居里	2°S, 62°E	91
16. 亚当斯	56°S, 99°E	87
17. 桑格	34°N, 289°E	84
18. 斯托	43°S, 233°E	80
19. 蒙娜丽莎	26°N, 25°E	79
20. 奥吉弗	25°N, 229°E	77
21. 巴索娃	61°N, 223°E	76
22. 葛兰姆	6°S, 6°E	75
23. 惠特利	17°N, 268°E	75
24. 马卡姆	4°S, 156°E	72
25. 布朗热	27°S, 99°E	72
26. 博林	24°N, 220°E	70
27. 海妮	52°S, 146°E	70

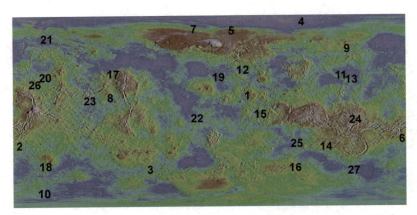

图 3.1　金星上的大型撞击坑的位置图（图中编号与上面列表中的编号一一
对应）。图片源自美国国家航空航天局 / 彼得·格雷戈。

3.13 撞击机理

　　只有当其尺寸相当大时，流星体和小行星才能够穿透金星大气层，撞击到金星的表面。那些能够到达金星地表并切入金星地壳的撞击体，由于其动能（流星体的质量和其速度的平方的乘积）被转化为了冲击波和传入周围地壳的热量，因此在金星地表产生了巨大的压力和极高的温度。撞击体下方的地壳被压缩，周围的物质被向下和向外推挤。当撞击体和其周围的岩石几乎在瞬间被气化时，一个温度达到几百万度的、由膨胀的熔融物质构成的超热气泡也就形成了。随着由蒸发的岩石和较大的岩石碎片组成的挖掘物羽流从撞击地点向外喷出，陨石坑的边缘产生了变形和隆起。随着地壳的减压，反弹效应使得较大的陨石坑产生了中央隆起，并且大量的熔融岩石堆积在了新的陨石坑底面上。

　　撞击时从金星地壳被挖掘出来的物质在陨石坑周围形成了一个喷射层。被喷射出去的第一种物质是靠近撞击点附近的金星地表物质，并且，由于它们被喷射出去的速度很快，所以最终沉积在了距离陨石坑最远的金星地表上。随着撞击过程的进行，更深处的金星地壳物质被挖掘出来，但是撞击的总体能量却正在消散。随着撞击速度的逐渐减慢，喷出物的分布越来越接近陨石坑，而那些被挖掘得最深的金星基岩，则可能几乎没有被抛射到陨石坑边缘。

　　金星上陨石坑的喷出物形态，与月球或水星上的陨石坑沿径向分布的喷出物形态完全不同。从雷达反射图像上看，许多金星陨石坑的喷出物呈现为明亮的"斑点"，分布在陨石坑周围，其中许多雷达反射"斑点"图样看起来长得像一根特殊的、宽而长的舌头，或是像一根伸出的手指。这种类型的地貌特征是金星所独有的，被称为"熔岩流瓣"，它们其实是热气体、撞击熔化的喷射物以及碎屑物质的混合物在撞击发生后立即在陨石坑的某一侧迅速流出造成的。它们类似于地球上剧烈的火山喷发产生的"火山碎屑流"，最近发生且典型的"火山碎屑流"案例是1991年在菲律宾发生的皮纳图博火山爆发事件[①]。

---

① 1991年6月15日在菲律宾发生的皮纳图博火山爆发，是20世纪世界上最大的火山喷发之一，喷出了大量火山灰和火山碎屑流。它所释放的烟雾和灰烬形成了30余千米高的云团，对地球气候产生了重大的影响，使当年全球平均气温下降约0.5摄氏度。

3.14 金星撞击坑的分类

撞击坑类型

我们在金星上已经发现了七种形态的撞击坑，这些撞击坑的类型和尺寸大小都与地球上的撞击坑非常相似。

多环陨石坑盆地：雷达图像显示，金星上没有与在月球、水星和火星上发现的巨大多环撞击盆地一样规模和年龄的撞击特征，月球、水星和火星上的巨大多环撞击盆地，大多数都是在38亿年前结束的那场"大轰炸"中形成的。金星上最大的多环撞击盆地是克连诺瓦盆地，它有一个直径为70千米的、未被明确定义的内环，以及两个直径分别为105千米和141千米的、不连续的同心外环结构。平滑的熔岩平原充满了克连诺瓦盆地的中央部分以及两个外环之间的部分区域。克连诺瓦盆地的外环由一系列小的弧形陡坎组成，类似于我们在月球的东海[①]和水星的卡洛里盆地中所看到的陡坎地貌，撞击产生的径向喷出物和二次撞击特征环绕在这些陡坎周围。

双环陨石坑：这类撞击特征有一个明确的外环和一个某种形状的内环，雷达图像显示，其外环与内环的直径之比通常是 2：1。金星上大多数直径大于40千米的陨石坑都属于这个类别。在这个类别的陨石坑中，蒙娜丽莎陨石坑（直径79千米）是一个很

---

① 东海（Mare Orientale），也叫"东方海"，位于月球正面最西部边缘，其直径为327千米，面积约6.9万平方千米。

好的例子，它的底面光滑，雷达成像为暗色；斯坦顿陨石坑（直径 107 千米）也是一个很好的例子，但与蒙娜丽莎陨石坑相反，其底面相对粗糙，因而雷达成像为明亮色。

有中央山峰的陨石坑：金星上大约 1/3 的陨石坑都有某种形状的中央高地，有的形状是低矮的小山丘，有的形状是突出的中央山脉。

无结构底面陨石坑：金星上许多较小的（直径在 15 千米以下）陨石坑都属于这一类。许多无结构底面陨石坑的底面是粗糙的，其雷达成像为单调的明亮色，周围是梯田状的岩壁。

不规则陨石坑：许多金星上的小型撞击坑都有着不规则的轮廓，底面粗糙，雷达成像为明亮色。在许多情况下，这些不规则的特征实际上都是由一个进入金星大气层时发生解体的天体撞击金星地表形成的连在一起的陨石坑群。发生解体的天体的每个碎片，几乎同时撞击到了金星地表且撞击地点彼此接近。

大斑块：在金星平原上的许多地方，我们都可以看到一种奇特的撞击特征，行星科学家们称之为"大斑块"。大斑块由一个形状不规则的区域（通常雷达成像为暗色）组成，内部可以发现一个或多个陨石坑或凹陷。这些大斑块是由大型流星体产生的，大型流星体在一次低空爆炸中几乎完全碎裂，然后，残余的流星体躯干击中了金星地表。撞击产生的冲击波在金星地表激起涟漪，随后，密集的流星体小碎片也撞击到了金星地表，它们沉积在金星表面，产生了虽不规则但界线清晰的大斑块。较大的流星体碎片撞击到大斑块内，就形成了一些小型陨石坑，这些小型陨石坑可能被较轻的喷射物所包围。

复合陨石坑：在太阳系的每一个遭受撞击的天体上，我们都可以找到这种类型的陨石坑。重叠的、连在一起的、间隔很近的或是呈链状的陨石坑即复合陨石坑，它们是由一些物体（最初是一个单一撞击体，但在太空中或是在向地表降落的过程中破裂成了多个）同时撞击地表所形成的。

3.15 ┃ 撞击后陨石坑的变化

除了上述分类外，我们还可以根据陨石坑受到火山作用后的不同状态，对其作进一步分类。熔岩流侵入陨石坑的部分底部或其外部壁垒，同时还有断层和（或）地质构造活动，这些都会影响撞击后陨石坑的状态变化。根据美国地质勘探局的金星陨石坑数据库，我们可以对撞击后陨石坑的基本状态作如下定义：

原始的：陨石坑及其喷出物系统自形成以来基本上没有改变过状态。

轻微嵌入地表的：陨石坑的喷出物已经被熔岩轻微地侵蚀。

中度嵌入地表的：陨石坑的喷出物已经被熔岩中等程度地侵蚀。

重度嵌入地表的：陨石坑边缘、喷出物和（在许多情况下）底部都已经被熔岩严重侵蚀。

重度嵌入地表且断裂了的：陨石坑被熔岩流严重侵蚀，同时雷达图像显示产生了严重断裂。

极度嵌入地表且断裂了的：陨石坑边缘发生了断裂，且喷出物和陨石坑边缘均已经被熔岩流严重侵蚀。

轻度断裂的：断裂波及陨石坑的底部、岩壁和边缘，但发生断裂的部分不足整体的一半。

重度断裂的：断裂波及陨石坑的底部、岩壁和边缘，且发生断裂的部分超过整体的一半。

严重破坏的：陨石坑在形成后，被地质构造作用所破坏和分解。虽然已知的遭受严重破坏的陨石坑数目很少，但它们的存在清楚地表明，在距离目前相对较近的金星地质史中，发生了某种程度的地壳运动。

压缩性断裂的：陨石坑因为地壳压缩产生断层，从而发生轻微断裂。

喷出物覆盖的：陨石坑被附近较年轻的撞击特征的喷出物所覆盖。

3.16 金星的大气层

　　金星的大气层几乎比地球的大气层厚 1000 倍。这颗行星的大气层不仅比地球的大气层更稠密、更坚实，而且，它的组成成分也与地球的完全不同。金星大气的主要成分是二氧化碳（CO_2），它占到金星大气的 96.4%（相比之下，二氧化碳仅占地球大气的0.03%）。氮气（N_2）占到金星大气的 3.4%（相比之下，地球大气的 78% 都是氮气）。金星剩余的大气成分——二氧化硫、氩气、水蒸气、一氧化碳、氦气、氖气等——占比都非常小。

失控温室效应

　　照耀到金星云层顶部的阳光，有大约 35% 进入了金星大气层，其中大部分被云层吸收，但是仍然有 2% 的阳光能够到达地面，被金星地表吸收。随着金星地表升温，它便主要发出红外辐射，由于二氧化碳和其他金星大气成分对红外辐射不透明，故而热量被捕获了。这个过程被称为温室效应（尽管用"玻璃花园温室"来比喻它并不完全准确），温室效应在金星上体现到了极致，它使得金星表面温度达到大约 500 摄氏度。在金星上，从白天到黑夜地表温度几乎没有变化，尽管金星赤道上任意地点的黑夜要持续 121 个地球日，白天也要持续 121 个地球日，（金星地表温度几乎没有变化的原因在于）厚厚的炽热大气层使得地表昼夜温度均匀，几乎不随时间变化。

　　金星上这种地狱般的地表条件在几十亿年内不可能自然改

变——直到太阳的能量输出发生巨大变化。然而，几十年来，人们一直在构想：通过"外星环境地球化"[①]，我们有可能在遥远的未来将金星改造成一个能够维持人类生存的美好世界。要实现这一美好构想，我们可能需要在几个世纪内使金星降温，并通过生化手段改造金星大气层。

金星上如此致命的环境条件是如何形成的呢？人们认为，在金星形成的早期，它可能类似于地球，有遍布全球的水海洋[②]。由于金星更靠近太阳，其大气温度比地球高，所以使得更多的水蒸气被储存在了金星大气中。而从金星海洋中蒸发出来的水蒸气是一种高效的温室气体，会导致大气层进一步升温。随着金星大气温度的上升，海洋蒸发量便会增加，如此循环往复，直到金星表面的所有水都被蒸发，并且被大气吸收掉。人们认为，金星上海洋蒸发的整个过程，可能仅仅耗时 6 亿年。金星大气层中的大部分水都被阳光中的紫外线辐射所分解；分解产生的氢原子飘向了太空，氧原子则被回收，用于氧化金星表面的某些矿物。

穿过金星大气层

金星大气层最低部分的环境极其恶劣，不适宜居住，那里的温度比标准厨房烤箱的最高温度还要高出 200 多摄氏度，大气压力是地球表面大气压力的 100 倍。在这个令人窒息的炽热环境中，地表风速缓慢，每小时不到 7 千米。金星大气层的温度和压力随

---

① 外星环境地球化（Terraforming），也称"地球化"，是设想中人为地改变天体表面环境，使得其气候、温度、生态类似地球环境的行星工程。

② 水海洋（oceans of water），指海洋由水（H_2O）构成，有别于羟基海洋（由甲烷或乙烷构成）。

着距离地表高度的增加而降低。在距离金星表面约 55~65 千米高度处,其大气温度和压力范围是整个太阳系中最接近地球地表的。

二氧化硫和金星大气层中少量的水发生化学反应生成硫酸,并在距离地表约 20~50 千米处形成了硫酸雾。在硫酸雾之上,是更厚的硫酸云层,白天硫酸云层顶部高约 65 千米,夜里硫酸云层顶部则可达到 90 千米,在硫酸云层之上,是更加分散的硫酸雾。

我们已经发现金星大气中二氧化硫的数量变化了 10 倍,这表明有大量来自超大型金星火山的气体在不断地涌入大气层。人们在这些火山地区所检测到的闪电,可能就是由于风所携带的火山灰和尘埃颗粒产生并释放了大量静电造成的。

金星的云层反射了大约 60% 的阳光,使金星具有高反照率和明亮的外观;与此同时,云层也阻止了人们从视觉上直接看到金星表面。在金星云层顶部,有一股高速气流从西向东吹来,速度在每小时 300~400 千米之间。气流的速度在赤道上最快,向两极递减,高速气流带动着金星的云层在大约 4 天的时间内环绕金星一圈,(在高速气流作用下)我们经常可以直接观察到金星云层中产生了 "V" 型图案。通过观察,我们还发现在金星两极地区的云层中出现了类似飓风的旋涡。2006 年,在金星南极上空,人们观测到一组不同寻常的 "双旋涡",其高度分别为 59 千米和 70 千米。虽然在金星大气模型中,人们预测出由前述高速气流可以产生旋涡,但是,对于在南极上空为何会出现这一特殊形态的 "双旋涡",目前仍然难以解释,这也表明该行星的大气动力学比我们以前想象的更为复杂。

3.17 ▏金星磁场

　　尽管金星的内部结构被认为与地球的内部结构非常相似，但令人惊讶的是，这颗行星的内部磁场的最大强度仅仅是地球的1/100,000。金星之所以缺乏强大的内部磁场，可能有两个主要原因——其绕轴旋转缓慢以及其核心的状态（与地球核心的状态差异很大）。地球的双极性全球磁场被认为是一种发电机效应，它是由韧性十足的外铁芯（一种导电流体）内的对流和核心的旋转共同作用所产生的。在金星诞生的早期——也许是在其诞生后的最初十亿年里——它可能曾经拥有一个和地球一样强的内部磁场，但是由于金星表面相对年轻，所以我们无法看到它的化石磁性[①]。

　　然而，金星的电离层确实与太阳风相互作用，产生了一个微弱的磁层，其磁尾流在行星后面，与太阳相对。[②]金星的感应磁层没有地球或水星的固有磁层那么强大或复杂，它既没有一个被明确定义的磁尾，也没有任何像在地球周围发现的那种被捕获粒子的辐射带。相反，金星电离层磁边界的轮廓会随着太阳活动而变化，在太阳活动频繁时期，磁边界可能下降到低至 250 千米的高度。

---

① 化石磁性（fossil magnetism），即岩石的原生剩余磁性，岩石原生剩余磁性的方向反映了岩石生成时期的地磁场方向，它是古地磁学研究的基本依据之一。
② 即磁尾流与太阳分处金星两侧，且三者共线。

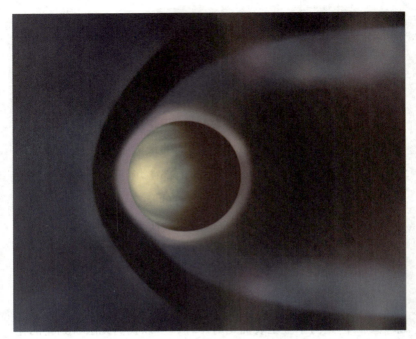

图 3.2　由太阳活动所引起的金星的微弱磁场示意图

3.18 | 金星表面环境

金星到太阳的平均距离，比水星到太阳的平均距离要远5000多万千米，并且金星接收到的太阳能量仅为水星接收到的太阳能量的25%。尽管如此，金星的表面通常比水星上最热的日下点①还要热一些。金星上的温度最高可达773开尔文——足以熔化锡、锌和铅——比水星卡洛里盆地正午时分的温度还要高出几十开尔文。金星表面的温度范围受到大气层的调节，因此，地表温度在夜间不会大幅下降——由于该行星的大气层稠密，而且失控温室效应捕获了太阳能量，最终导致金星地表温度在白天和夜间都维持在一个较高的水平。

如果金星拥有一个类似地球的大气层，那么，它的表面亮度将是地球的两倍。然而，金星上正午时分的表面光照度②仅为5000勒克斯，能见度为3千米——这与冬日里莫斯科的阴天差不多。

金星的表面太热了，无法容纳水冰或液态水；这个星球上所有的水，都以大气中的水蒸气形式存在。金星大气中的水的总质量仅为地球水储量的1/650，因此，如果金星大气中的水被转化为一片浸没整个星球的海洋，那么，这个海洋的平均深度只有3米。

金星表面的大气压力高达惊人的90千克/平方厘米——相

---

① 日下点（subsolar point），即行星表面在太阳正下方的那一点。

② 光照度（illumination），可简称"照度"，其计量单位的名称为"勒克斯"，简称"勒"，单位符号为"lx"。

当于地球海洋表面下 1 千米深处的海水压力。吹过金星地表的风是缓慢的，其平均速度为每小时 1~3.6 千米。不管地表风的速度有多慢，高密度大气都能够将土壤颗粒缓慢地输送到金星地表，产生侵蚀作用，并形成沙丘等沉积地貌特征。雷达图像显示的风的条纹呈明亮色，我们可以在金星平原上的许多地势较高的地块的背风面看到这些风的条纹。

3.19 ︱金星概览

　　"金星"这个名字来源于古罗马神话中的爱情女神，这并不奇怪。用肉眼看，这颗行星经常在傍晚或清晨时分的天空中闪闪发光，看起来就像是一盏悬挂在空中的、美丽的白色灯笼。金星是唯一一颗以女性神灵名称命名的行星，其表面特征也被赋予了"女性化"的命名——但麦克斯韦山脉除外，它是一座巨大的山体，以英国维多利亚时代的物理学家詹姆斯·克拉克·麦克斯韦（James Clerk Maxwell）的名字命名。

金星上的坐标系统

　　按照惯例，太阳系天体上的经度应该从任意本初子午线开始测量，其数值的增加方向与该天体的轴向旋转方向相反。由于金星的轴向旋转方向与其他行星相反，所以，金星上的经度是从该行星的本初子午线（0°E）开始向东测量的。一个小型陨石坑——位于赛德娜平原的阿里阿德涅陨石坑的中心——被用来标记为金星的本初子午线。

金星地貌命名法

　　雷达图像显示，金星上具有各种各样的地形特征，其中大部分是火山活动、局部地壳运动和（或）地质构造活动的产物。这颗行星上的撞击坑数量，比水星或火星上的少得多。下面所列出的大多数金星地貌特征，虽然都是基于地形外观进行分类的，但是任何一组中的大多数特征都具有相同的起源模式（如上所述）。

表 3.3　金星地貌名称

弧（弧群）	弧形特征。
星（星群）	径向辐射特征。
火山臼	一种出现在火山顶部的、陡峭的圆形凹陷。
坑链（坑链群）	相连构成链状的多个陨石坑。
深谷（深谷群）	一种狭长而陡峭的凹陷地貌。
小丘群	一种圆形小山丘。
冕状物（冕状物群）	卵圆形地貌特征。
陨石坑	天体表面因遭受撞击而产生的圆形空腔。
山脊（山脊群）	山脊。
煎饼状穹丘	一种扁平的煎饼状结构。
堑沟（堑沟群）	细长的浅凹陷地貌。
熔岩流波地块（熔岩流波地块群）	流动波纹状地形。
交叉谷	山谷交叉形成的综合地貌特征。
线状地貌（线状地貌群）	一种细长的地貌（雷达成像为明亮色或暗色）。
山（山脉）	一座山（山脉）。
火山口（火山口群）	边缘呈扇形的不规则或复杂的火山口。
平原	地势低的平原。
高原	高原或地势高的平原。
区	大型的、雷达成像清晰的区域。
峭壁（峭壁群）	陡坎地貌。
镶嵌地形	具有马赛克状外观的多边形断裂地形。
台地	与周围地形明显区隔开来的、广阔的平坦陆地。
山丘（山丘群）	孤立的圆形山或山丘。
沙丘群	一种沙丘系统。
峡谷（峡谷群）	一种山谷（山谷系统）。

表 3.4　金星上一些值得注意的典型地貌特征

类型	地貌案例	尺寸大小（千米）	中心位置
1. 深谷群	帕尔恩格深谷群	11,000	20°S, 255°E
2. 小丘群	阿克鲁瓦小丘群	1059	46°N, 116°E
3. 冕状物	阿尔忒弥斯冕状物	2600	35°S, 135°E
4. 山脊群	吠陀山脊群	3345	42°N, 159°E
5. 煎饼状穹丘	濑织津姬煎饼状穹丘	230	30°S, 11°E
6. 熔岩流波地块	武特−阿米熔岩流波地块	1300	38°S, 67°E
7. 堑沟群	卡里娅−玛特堑沟群	1800	28°N, 342°E
8. 撞击坑	米德撞击坑	270	13°N, 57°E
9. 交叉谷	拉敦尼查交叉谷	100	9°S, 351°E
10. 线状地貌	莫里干线状地貌	3200	55°S, 311°E
11. 山	瓦尔山	1000	1.2°N, 316°E
12. 多环撞击盆地	克连诺瓦多环撞击盆地	141	78°N, 105°E
13. 火山口	萨卡加维亚火山口	233	64°N, 335°E
14. 平原	圭尼维尔平原	7520	22°N, 325°E
15. 高原	拉克希米高原	2345	69°N, 339°E
16. 区	艾斯特拉区	8015	11°N, 22°E
17. 哨壁群	瓦伊蒂鲁特哨壁群	2000	44°S, 22°E
18. 台地	阿芙洛狄忒台地	10,000	6°S, 105°E
19. 镶嵌地形	苏杰尼查镶嵌地形	4200	33°N, 270°E
20. 山丘	托西山丘	300	30°N, 355°E
21. 沙丘群	宁伽勒沙丘群	225	9°N, 61°E
22. 峡谷	巴尔提斯峡谷	6800	37°N, 161°E

3.20 一幅金星"三联画"

　　下面，我们通过将金星的表面划分为三个面积相等的 120 度宽的纵向剖面，进一步描述其地形地貌，每个区域均覆盖了金星北半球和南半球。这些区域是伊什塔尔—阿尔法—拉达区（300°E~60°E）、尼俄伯—阿芙洛狄忒—阿尔忒弥斯区（60°E~180°E）和克维勒—亚特拉—海伦区（180°E~300°E）。

　　本文按照从北到南、从西到东的总体顺序，依次对这三个区域进行描述，并使用较大的地形特征作为描述金星地貌特征的主要参考点。对于处在主要参考地貌特征内部，或是靠近主要参考地貌特征的地物特征，我们一般按照顺时针（从北到西）顺序进行描述。为了叙述的流畅性，（需要指出的是）前述定下的这些规则都是一般性的，在必要的情况下，本文在描述某区域的地貌内容时会有一些分岔，与前述相邻区域的地貌内容有些重叠。在初次提及某个特定地貌特征时，都是以**粗体**来突出显示；并且在大多数情况下，紧随地貌特征之后的，是特征中心点的经纬度（放在括号内），经纬度以最接近的整数度数表示；地貌特征的直径或主要尺寸通常伴随经纬度信息出现。

　　地貌名称、已获命名地貌的坐标以及尺寸均来源于美国地质勘探局的天体地质学研究计划网站的行星命名辞典。

　　本书在描述金星每个区域的线图[①]时，都附有一张"旅游地图"，显示了金星地形特征描述的一般过程。在阅读时，读者只

---

① 线图（line map），线路图的一种特殊表示形式，是按比例绘制的平面布置图或模型。

要偶尔参考这些地图和随附的地貌图片，就不会在这个迷人的、几乎与地球一样大的世界里迷失方向。

第一区：伊什塔尔—阿尔法—拉达区（300°E~60°E）

这个地区以广袤的**嫦娥冕状物**（2°N，355°E，直径1060千米）东部的金星本初子午线为中心，其中央地带的大部分地区被广阔的平原所覆盖，特别是北部的**赛德娜平原**（43°N，341°E，直径3570千米）和南部的**拉维尼亚平原**（47°S，348°E，直径2820千米）。在赤道附近，有成片的丘陵、褶皱地貌，它们使得**艾斯特拉区**（11°N，22°E，直径8015千米）凸显了出来；一个孤立的、崎岖不平的高地被称为**阿尔法区**（26°S，0°E，直径1897千米），它似乎是从伊什塔尔—阿尔法—拉达区中央南部的平原上突然升起的。可以与前述这些地貌特征相媲美的，是两个大的陆地板块——最北边壮丽的**伊什塔尔高地**（70°N，28°E，直径5610千米）和最南边更大但垂直度较低的**拉达高地**（63°S，20°E，直径8615千米）。

洛乌希平原（81°N，121°E，直径2440千米）占据了伊什塔尔高地东北部边界之外最北部的大片地区。几条山脊横跨其表面，其中最大的山脊——**特赞山脊**（81°N，47°E）横跨洛乌希平原并绵延1000多千米。在洛乌希平原西部是**雪姑娘平原**（87°N，328°E，直径2775千米），它在伊什塔尔高地的北部边缘造成了一个明显的凹痕。

伊什塔尔高地是一个广袤的大陆高原地区，其位于300°E~80°E之间的金星北半球地区，蔓延了5610千米。它的面积约为800万平方千米，相当于地球上澳洲的面积；但与澳洲不同的

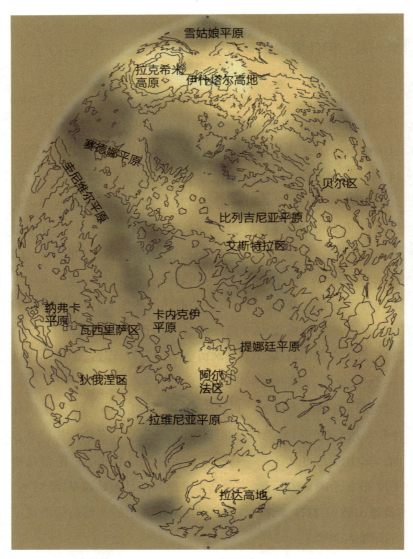

图 3.3　第一区（300°E~60°E）的主要地貌所在区域

是，伊什塔尔高地的地形十分多样，包含了三种不同的地形。它的西部是大山环绕的高原——**拉克希米高原**（69°N，339°E，直径 2345 千米）；中部是巨大的山脉——**麦克斯韦山脉**（65°N，3°E，长 797 千米），它横跨了金星本初子午线；东部是由分布广泛的丘陵镶嵌地貌组成的**福尔图娜镶嵌地形**（70°N，45°E，直径 2801 千米）。

拉克希米高原是一个与诸多高山接壤的广阔高原，它与地球上的青藏高原有着很大的相似之处，尽管这种相似性只是表面上的。拉克希米高原是椭圆形的，东西方向最宽，地形高度在 2500~4000 米之间。两个带有火山臼的大型火山穹顶从拉克希米高原上升起，它们分别是西边的**科莱特火山口**（66°N，323°E，直径 149 千米）和东边的**萨卡加维亚火山口**（64°N，335°E，直径 233 千米）。科莱特火山口是许多大型径向熔岩流（雷达成像为明亮色）的源头，它有一个大小为 90 千米 × 50 千米的、平坦的长方形火山臼，火山臼周围有同心断裂特征。萨卡加维亚火山口是金星上火山口类地貌特征中最大的，它具有冕状物特征，有一个长方形的火山臼，大小为 120 千米 × 215 千米，这个火山臼被西部一个极其紧凑的"断层、地堑和陡坎综合地貌系统"所包围。在萨卡加维亚火山口东侧，我们可以发现一组线状山脊，可能是由地壳裂变和火山活动所造成。

在拉克希米高原北部，有一条 579 千米长的边界，那便是**芙蕾雅山脉**（74°N，334°E）。芙蕾雅山脉的海拔比其南部的拉克希米高原高出约 1000 米，比其北部的**伊茨帕帕洛特莉镶嵌地形**（76°N，318°E，直径 380 千米）所代表的丘陵"大陆架"则要高出约 3000 米。在拉克希米高原的东部，是麦克斯韦山脉，它占据了伊什塔尔高地的中央地带。从上面俯视巨大的麦克斯韦山脉，便会觉得它的形状有点像蜂鸟的头部，其狭窄的"喙"向西朝着萨卡加维亚火山口逐渐变小。金星上最高的山峰在麦克斯韦山脉中，其中一些山峰高出麦克斯韦山脉西南面的赛德娜平原1万多米。人们认为，麦克斯韦山脉的成因是地壳压缩，这与地球上许多山脉的成因相同。麦克斯韦山脉由一系列平行的山脊组成，彼此间隔2~7千米。它的西侧非常陡峭地倾斜到拉克希米高原，而东侧则较为平缓地下降到福尔图娜镶嵌地形。**克娄巴特拉陨石坑**（66°N，7°E，直径105千米）构成了突出的"蜂鸟"之眼。它的主环轮廓是多边形的，底部是深色的；在克娄巴特拉陨石坑的主环内部、陨石坑中心的西北方向，有一个直径约为40千米的、更加光滑且雷达成像颜色更深的内环。克娄巴特拉陨石坑的东北部岩壁有一个显眼的缺口，熔岩流可以通过该缺口流入福尔图娜镶嵌地形边缘的**阿努凯特峡谷**（67°N，8°E，直径350千米）。

达努山脉（59°N，334°E，长808千米）沿着拉克希米高原的南部边缘蜿蜒，其山麓与**克罗托镶嵌地形**（56°N，335°E，直径289千米）合并到了一起。再往西，达努山脉便与巨大的弧形阶梯状陡坎地貌——**维斯塔峭壁**（58°N，324°E，长788千米）融为一体，维斯塔峭壁也被人们用来界定拉克希米高原的西南边缘。在拉克希米高原西北部，是**阿克娜山脉**（69°N，318°E，长830千米），它那条纹状的山脊提供了该山脉形成的证据，表明该山脉是由于地壳压缩而形成的。

在福尔图娜镶嵌地形的南部，我们可以发现**哈乌美亚冕状物**（54°N，22°E，直径375千米），它是金星上最大的、已获命名的火山辐射状断裂特征之一。该冕状物只有一点同心断裂特征的迹象，这表明它是一个处于早期阶段（刚形成不久）的冕状物。朝着哈乌美亚冕状物的方向，我们还发现一条东北—西南走向的**西格荣堑沟**（51°N，18°E，长 970 千米）。有充分的证据表明：哈乌美亚冕状物、西格荣堑沟以及它们东部的**阿乌什拉山脊**（49°N，25°E，长 859 千米），均与金星上的许多地貌特征一样，是在多个阶段的地壳变形过程中产生的。

从福尔图娜镶嵌地形开始，伊什塔尔高地以南的大片区域，都是伊什塔尔高地的延伸，其中还包括了**拉伊玛镶嵌地形**（55°N，49°E，直径 971 千米）。拉伊玛镶嵌地形的形成可能与**勒达平原**（44°N，65°E，直径 2890 千米）的形成有关，勒达平原可能是经由上升的地幔羽流塑造形成的，其外围有下行地幔羽流，二者共同作用导致了地壳弯曲，形成了山脊和断裂地貌特征。

赛德娜平原的地貌十分简单，它的西北部全都是平坦的低地平原地貌。在赛德娜平原内部的少数地貌特征中，最值得一提的仅有**贝伊薇冕状物**（53°N，307°E，直径 600 千米）、**希洛年冕状物**（51°N，321°E，直径 300 千米）、**贝颂火山口**（47°N，321°E，直径 94 千米）和**萨克斯火山口**（49°N，334°E，直径 65 千米）。赛德娜平原的两个最低洼的部分被一个南北走向的轻微隆起特征分割开来，在这个轻微隆起特征的顶部，是**卓里勒山脊**（40°N，338°E，长 1041 千米），它是一个压缩地貌，向南一直延伸到艾斯特拉区的最西端。赛德娜平原的东部边界是一片丘陵地区，里面有一组火山地貌特征，包括**阿什南冕状物**（50°N，357°E，直径 300 千米）、**巴赫特冕状物**（48°N，0°E，直径 145 千米）和**奥纳塔赫冕状物**（49°N，6°E，直径 298 千米）。

赛德娜平原的南部边界是艾斯特拉区西北部的延伸地貌。该地区包含诸多冕状物，包括**列涅努忒冕状物**（33°N，326°E，直径 200 千米）、新的**墨斯卡冕状物**（27°N，343°E，直径 190 千米）、**补罗摩底冕状物**（26°N，344°E，直径 170 千米）、**图提利**

娜冕状物（29°N，348°E，直径 180 千米）、**尼萨巴冕状物**（26°N，356°E，直径 300 千米）和**伊德姆·库瓦冕状物**（25°N，358°E，直径 230 千米）。两座大型火山位于这些冕状物的南部，它们分别是**西芙山**（22°N，352°E，直径 300 千米）和**古拉山**（22°N，359°E，直径 276 千米）。西芙山高达 2000 米，其顶部是一个大小为 50 千米×40 千米的火山臼，其边缘包含较小的、嵌套着的火山臼。古拉山高达 3000 米，有一个大小为 40 千米×30 千米的双重火山臼。这两座山的陡峭的侧面上都覆盖着熔岩流，其雷达成像为暗色。

圭尼维尔平原（22°N，325°E，直径 7520 千米）从赛德娜平原的西部掠过，与金星赤道相接。相较而言，圭尼维尔平原的地形比它的邻近地貌更为险峻，它的西部与**温蒂妮平原**（13°N，303°E，直径 2800 千米）融为一体，那里有许多冕状物，包括蛛网状的**玛德尔阿卡冕状物**（9°N，316°E，直径 220 千米）。**瓦尔山**（1°N，316°E，直径 1000 千米）是金星上最宽的火山，它由三个主要的锥体组成，三个锥体的高度分别为 1500 米、700 米和 1700 米；四块熔岩流场区环绕在这三个锥体周围，其中最年轻的熔岩流场区是由中央锥体喷出的熔岩流形成的。在西北方向与瓦尔山相邻的是另一座大型火山——**阿塔努瓦山**（10°N，309°E，直径 1000 千米），高达 1600 米，周围有许多坚实的熔岩流地块。

圭尼维尔平原的东部包含**辩天冕状物**（16°N，340°E，直径 310 千米）的断裂环和直径很大（1060 千米）的嫦娥冕状物，嫦娥冕状物是金星上第二大的冕状物。在嫦娥冕状物的断层环内部，有许多小型撞击坑和一个错综复杂的三角洲状地貌系统，该三角洲状地貌系统内有两组断裂特征，其中一组断裂特征向北延伸，另一组则向西北方向延伸。

在赛德娜平原之外，从子午线继续向东，我们可以看到的是**比列吉尼亚平原**（29°N，24°E，直径3900千米），其东部与**贝尔区**（33°N，51°E，直径1778千米）边缘的镶嵌地貌接壤，南部则是艾斯特拉区。**贝依拉冕状物**（27°N，16°E，直径400千米）占据了比列吉尼亚平原平坦的中心地带，但是它的东半部却被壮观的**蒙娜丽莎陨石坑**（26°N，25°E，直径79千米）给压扁了。与比列吉尼亚平原北部和东部接壤的，是一些镶嵌地貌和山脊地貌，那里有许多西北—东南走向的地貌特征，比如**克鲁奇娜镶嵌地形**（36°N，27°E，直径1000千米）和**赫拉山脊**（36°N，30°E，长813千米）。这些镶嵌地貌和山脊地貌，都与**别兹列亚山脊**（30°N，37°E，长807千米）和巨大的**梅捷利察山脊**（16°N，31°E，长1300千米）有关；其中，梅捷利察山脊属于贝尔区西部边缘的山脊和谷地地貌系统。

艾斯特拉区东部的地形十分多样。其中，**古尔线状地貌**（20°N，3°E，长600千米）是一个裂谷系统，它从古拉山的侧翼一直向东延伸。附近的煎饼状穹顶地貌群，被称为**卡耳门塔煎饼状穹丘**（12°N，8°E），其跨度可达180千米，其中最大的穹丘直径为65千米，高1000米。一些冕状物和火山地貌位于更远的东部，其中值得注意的是2000米高的**迦梨山**（9°N，29°E，直径325千米）和**扎拉隆兹山**（1°N，34°E，直径120千米）；扎拉隆兹山的东部是火山喷出的熔岩流所形成的地貌——**涅赫贝特熔岩流波地块**（0°N，35°E，直径400千米）。

贝尔区由两个火山高地组成，这两个高地被一个光滑的低地平原分隔开来。贝尔区与其他金星上的火山隆起地貌相比，有很大的不同，因为它没有由于地壳变形和断层造成的突出裂缝特征。在贝尔区的北部，一个巨大的火山隆起造就了几个大型的火山口群和冕状物群，其中最大的是**娜芙蒂蒂冕状物**（36°N，48°E，直径 371 千米）。在这片地区，有一个大型火山叫作**提佩芙山**（29°N，44°E，直径 301 千米），它高出周围地形约 5000 米。佩芙山与其附近的**尼克斯山**（30°N，49°E，直径 875 千米）一样，被一条几百米深的"护城河"①紧紧包围着，所谓"护城河"是由于火山体的巨大重量导致地壳变形而产生的。在贝尔区的南部，有一系列大的"新星型"冕状物，包括"新星型"**蒂蒂利亚冕状物**（19°N，38°E，直径 320 千米）、**巴甫洛娃冕状物**（14°N，39°E，直径 370 千米）、**伊松格冕状物**（12°N，49°E，直径 540千米）和**克拉科玛纳冕状物**（7°N，44°E，直径 575 千米）。在这些冕状物的东面，是**米德陨石坑**（13°N，57°E，直径 270 千米），它是金星上最大的撞击坑，同时也是一个多环撞击盆地。米德陨石坑最初可能只是一个大小与它的中心环尺寸相当的陨石坑，其边缘大约只有 200 千米宽。但随后，一个围绕米德陨石坑的外部断层环发生了滑坡，扩大了陨石坑的范围，形成了一个轮廓鲜明的内侧岩壁以及一个 1000 米高的陡坎。

　　在艾斯特拉区南部，一系列间隔均匀的大型冕状物排列在赤道线下方（即南半球），横跨了 3500 千米长的赤道线，这些冕状物分别是**观音冕状物**（4°S，10°E，直径 310 千米）、**托里斯冕状物**（7°S，13°E，直径 190 千米）、**库柏勒冕状物**（8°S，21°E，直径 500 千米）、**特尔姆提斯冕状物**（8°S，33°E，直径 330 千米）以及连在一起的**穆克勒钦冕状物**（13°S，46°E，直径 525 千米）和"新星型"**纳布查娜冕状物**（9°S，47°E，直径 525 千米）。

---

① 一种环形凹陷地貌，与"护城河"相似。

在 300°E~60°E 之间，金星南半球的赤道附近地区是成片的平原地貌，西起**纳弗卡平原**（8°S，318°E，直径 2100 千米），中间经过**卡内克伊平原**（10°S，350°E，直径 2100 千米）和**提娜廷平原**（15°S，15°E，直径 2700 千米），东至**塔赫米娜平原**（23°S，80°E，直径 3000 千米）。这些平原地貌中包含了一些奇特的小型火山和冕状物，以及许多低褶皱脊。雷达图像显示，塔赫米娜平原北部有一个突出的地貌特征，即**拔示巴陨石坑**（15°S，50°E，直径 32 千米），它是一个撞击坑；在其西向喷出物的巨大"彗发"①中，有着明亮的喷出物流体形成的地幔。

狄俄涅区（32°S，328°E，直径 2300 千米）横跨第一区的西南部；在其起伏的表面上，耸立着几座火山。北部的**乌莎斯山**（24°S，325°E，直径 413 千米）高 2000 米，两侧是辐射状的熔岩流，且有一个雷达成像为暗色的火山白。在狄俄涅区的南部，有一个火山群，其中包括**泰芙努特山**（39°S，304°E，直径 182 千米）、**奈芙蒂斯山**（33°S，318°E，直径 350 千米）、**哈托尔山**（39°S，325°E，直径 333 千米）和**伊尼尼山**（35°S，329°E，直径 339 千米）。

狄俄涅区东南部有一个广阔的平原——拉维尼亚平原，它被几条大型线状地貌特征所穿过，这些线状地貌包括**莫里干线状地貌**（55°S，311°E，长 3200 千米）、**希波吕忒线状地貌**（42°S，345°E，长 1500 千米）、**安提奥珀线状地貌**（40°S，350°E，长 850 千米）、**摩帕狄娅线状地貌**（48°S，355°E，长 1600 千米）、**佩纳顿线状地貌**（54°S，344°E，长 975 千米）和**卡莱帕霍阿线状地貌**（61°S，337°E，长 2400 千米），平原上有一些明显的、

---

① 西向喷出物形成的地貌结构与彗星相似，有"彗核""彗发""彗尾"，"彗发"巨大，相当于彗星的大气层。

因地壳水平运动所造成的走滑断层①特征。在拉维尼亚平原的东南边界处，有金星上最大的熔岩流波地块之一——**米利塔熔岩流波地块**（56°S，354°E，直径1250千米）。

阿尔法区是一个紧凑的、界线明确的山地高原区域，它横跨了金星本初子午线。与金星上的主要火山隆起地貌不同，像阿尔法区这样的高原地区所包含的火山特征（如圆顶火山、盾状火山和熔岩流）相对较少，西南部的**夏娃冕状物**（32°S，360°E，直径330千米）是唯一与阿尔法区有关的主要火山特征。阿尔法区包含的一个呈四边形状的、由镶嵌地形构成的、凹凸不平的高原地貌，其占地高达约325万平方千米，与地球上印度的面积相当，而且，它比周围平坦的熔岩平原高出约1000~2000米。人们认为，像阿尔法区这样由镶嵌地形构成的高原，可能是在地幔多点冷却下沉过程中形成的，在此过程中，地壳物质被揉成一团，变厚且变形。

阿尔法区以南的一系列冕状物，包括"新星型"**卡耳波冕状物**（38°S，3°E，直径215千米）、**塔姆法纳冕状物**（36°S，6°E，直径400千米）和**赛娅冕状物**（3°S，153°E，直径225千米），以及大型深谷——**罕格赫皮维深谷**（49°S，18°E，长1100千米），都共同朝着南方遥远处的拉达高地延伸。罕格赫皮维深谷是一个深达500~1000米的裂谷，其内部充满了熔岩流，这些熔岩流来自东部的**阿斯特希克高原**（45°S，20°E，直径2000千米）。**瓦伊蒂鲁特峭壁**（44°S，22°E，长2000千米）是一个大型断层陡坎地貌，它从赛娅冕状物的北部一直延伸到了阿斯特希克高原的北

---

① 走滑断层，即规模巨大的平移断层，又称横移断层、走向滑动断层。走滑断层作用的应力是来自两旁的剪切力作用，其两侧地块顺断层面走向相对移动，而无上下垂直移动。

部和东部边缘。阿斯特希克高原自身像是缩进了拉达高地的西北边缘，其东部是**封努哈平原**（44°S，48°E，直径3000千米）。封努哈平原是一个有地形起伏的平原，其北部边界处地形被抬升，从而包裹住了许多冕状物和一个断层山谷系统——**阿尔提奥深谷**（36°S，39°E，长450千米）。

拉达高地是一个高原地区，宽约8600千米，其平均高度比金星的平均半径还要高出2千米，有众多的冕状物、断层、地堑和熔岩流波地块等地貌。拉达高地的最高处，位于金星本初子午线西南部一个巨大的穹形裂片特征中，该特征主要由**魁特札尔皮特莱特尔冕状物**（68°S，357°E，直径780千米）和**博阿拉冕状物**（70°S，359°E，直径220千米）组成，冕状物部分区域的海拔高度达到了4000米。拉达高地以北的低地平原被**埃西诺哈冕状物**（57°S，8°E，直径500千米）和**奥提根冕状物**（57°S，31°E，直径400千米）所占据。从拉达高地向南极地区辐射出两个平坦的平原——**埃巴尔钦平原**（73°S，25°E，直径1200千米）和**穆加佐平原**（69°S，60°E，直径1500千米），它们被一个火山隆起地貌分隔开来。这个火山隆起地貌中包含一个冕状物，即**奥欣－坚格里冕状物**（71°S，40°E，直径400千米）。以**埃赫－布尔汗冕状物**（50°S，40°E，直径600千米）为起点，拉达高地东部地区的地势开始朝着**沙拉坦加深谷**（54°S，70°E，长1300千米）抬升；沙拉坦加深谷是金星上的一个大型裂谷系统，有关其具体特征的描述内容参见下文——尼俄伯—阿芙洛狄忒—阿尔忒弥斯区。

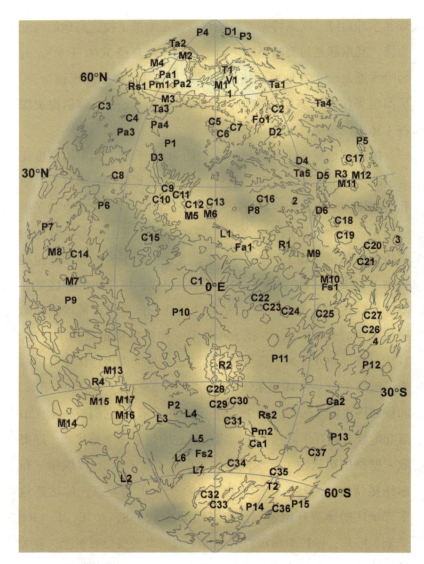

图 3.4 第一区（300°E～60°E）地图，即伊什塔尔—阿尔法—拉达区地图。
地图中显示了文中所描述的地貌特征的位置。

地图中的重要地貌特征如下：
Pa 表示"火山口"；Rs 表示"峭壁"；Ta 表示"镶嵌地形"；Ca 表示"深
谷"；Fo 表示"堑沟"；Fs 表示"熔岩流波地块"；Fa 表示"煎饼状穹丘"；

Co 表示"小丘群"；M 表示"山"；Pm 表示"高原"；P 表示"平原"；C 表示"冕状物"；D 表示"山脊"；T 表示"高地"；V 表示"峡谷"；R 表示"区"。

C1. 嫦娥冕状物；C2. 哈乌美亚冕状物；C3. 贝伊薇冕状物；C4. 希洛年冕状物；C5. 阿什南冕状物；C6. 巴赫特冕状物；C7. 奥纳塔赫冕状物；C8. 列涅努忒冕状物；C9. 墨斯卡冕状物；C10. 补罗摩底冕状物；C11. 图提利娜冕状物；C12. 尼萨巴冕状物；C13. 伊德姆·库瓦冕状物；C14. 玛德尔阿卡冕状物；C15. 辩天冕状物；C16. 贝依拉冕状物；C17. 娜芙蒂蒂冕状物；C18. 蒂蒂利亚冕状物；C19. 巴甫洛娃冕状物；C20. 伊松格冕状物；C21. 克拉科玛纳冕状物；C22. 观音冕状物；C23. 托里斯冕状物；C24. 库柏勒冕状物；C25. 特尔姆提斯冕状物；C26. 穆克勒钦冕状物；C27. 纳布查娜冕状物；C28. 夏娃冕状物；C29. 卡耳波冕状物；C30. 塔姆法纳冕状物；C31. 赛娅冕状物；C32. 魁特札尔皮特莱特尔冕状物；C33. 博阿拉冕状物；C34. 埃西诺哈冕状物；C35. 奥提根冕状物；C36. 奥欣-坚格里冕状物；C37. 埃赫-布尔汗冕状物。P1. 赛德娜平原；P2. 拉维尼亚平原；P3. 洛乌希平原；P4. 雪姑娘平原；P5. 勒达平原；P6. 圭尼维尔平原；P7. 温蒂妮平原；P8. 比列吉尼亚平原；P9. 纳弗卡平原；P10. 卡内克伊平原；P11. 提娜廷平原；P12. 塔赫米娜平原；P13. 封努哈平原；P14. 埃巴尔钦平原；P15. 穆加佐平原。R1. 艾斯特拉区；R2. 阿尔法区；R3. 贝尔区；R4. 狄俄涅区。L1. 古尔线状地貌；L2. 莫里干线状地貌；L3. 希波吕忒线状地貌；L4. 安提奥珀线状地貌；L5. 摩帕狄娅线状地貌；L6. 佩纳顿线状地貌；L7. 卡莱帕霍阿线状地貌。Fa1. 卡耳门塔煎饼状穹丘。Fs1. 涅赫贝特熔岩流波地块；Fs2. 米利塔熔岩流波地块。T1. 伊什塔尔高地；T2. 拉达高地。D1. 特赞山脊；D2. 阿乌什拉山脊；D3. 卓里勒山脊；D4. 赫拉山脊；D5. 别兹列亚山脊；D6. 梅捷利察山脊。V1. 阿努凯特峡谷。Pm1. 拉克希米高原；Pm2. 阿斯特希克高原。M1. 麦克斯韦山脉；M2. 芙蕾雅山脉；M3. 达努山脉；M4. 阿克娜山脉；M5. 西芙山；M6. 古拉山；M7. 瓦尔山；M8. 阿塔努瓦山；M9. 迦梨山；M10. 扎拉隆兹山；M11. 提佩芙山；M12. 尼克斯山；M13. 乌莎斯山；M14. 泰芙努特山；M15. 奈芙蒂斯山；M16. 哈托尔山；M17. 伊尼尼山。Ta1. 福尔图娜镶嵌地形；Ta2. 伊茨帕帕洛特莉镶嵌地形；Ta3. 克罗托镶嵌地形；Ta4. 拉伊玛镶嵌地形；Ta5. 克鲁奇娜镶嵌地形。Pa1. 科莱特火山口；Pa2. 萨卡加维亚火山口；Pa3. 贝颂火山口；Pa4. 萨克斯火山口。Ca1. 罕格赫皮维深谷；Ca2. 阿尔提奥深谷。Rs1. 维斯塔峭壁；Rs2. 瓦伊蒂鲁特峭壁。Fo1. 西格荣堑沟。陨石坑：1. 克娄巴特拉陨石坑；2. 蒙娜丽莎陨石坑；3. 米德陨石坑；4. 拔示巴陨石坑

第二区：尼俄伯—阿芙洛狄忒—阿尔忒弥斯区（60°E~180°E）

乍一看，金星的第二区像是由两个宽阔的平原区域所组成，这两个宽阔的平原区域被广阔无垠的副赤道的[①]大陆——**阿芙洛狄忒高地**（6°S，105°E，直径 10,000 千米）——分隔开来。第二区的北部是一片拼凑出来的平原区域，各块子平原被一系列的镶嵌地形、山脊和冕状物所隔开，其中特别值得注意的是**特勒斯镶嵌地形**（43°N，77°E，直径 2329 千米），它是一片孤立的、由镶嵌地形组成的高地，其大小和外观均与阿尔法区（见上文"第一区"）相似。第二区的南部也是一片拼凑出来的平原区域，不过，一般看来，南部的这些子平原要比北部的更加平坦，褶皱也更少。几个大型深谷地貌蜿蜒地穿过南半球的副赤道地区，这些深谷包括**朱诺深谷**（31°S，111°E，长 915 千米）、**基利亚深谷**（24°S，127°E，长 973 千米）、**狄安娜深谷**（15°S，155°E，长 938 千米）以及宏伟壮丽的**阿尔忒弥斯深谷**（41°S，139°E，长 3087 千米），阿尔忒弥斯深谷包裹住了巨大的**阿尔忒弥斯冕状物**（35°S，135°E，直径 2600 千米）的东部边缘。

洛乌希平原（81°N，121°E，直径 2440 千米）的底面横跨了金星北极地区。洛乌希平原的西南边界由伊什塔尔高地东部的镶嵌地形组成，而南部边界则由**特提斯区**（66°N，120°E，直径 2000 千米）的丘陵组成。特提斯区东部高地的主要地貌特征是**南丁格尔冕状物**（64°N，130°E，直径 471 千米）和**埃尔哈特冕状物**（70°N，136°E，直径 414 千米）。再往东，金星表面地势

---

① 副赤道的（sub-equatorial），又称"近赤道的"（near equatorial），指靠近赤道区域的。

便要下降到**阿塔兰忒平原**（46°N，166°E，直径 2050 千米）深邃的平坦底面，其最深的区域（64°N，165°E）内有一个直径 450 千米的盆地，该盆地在金星平均地表平面下约 3000 米。阿塔兰忒平原可能是一个因地幔物质下流而形成的区域，地幔物质下流使其北部和东部产生了挤压脊带。

　　阿乌德拉平原（60°N，92°E，直径 1860 千米）和**提莉－汉乌姆平原**（54°N，120°E，直径 2300 千米）共同构成了特提斯区南部周围的丘陵地形；在提莉－汉乌姆平原上，**法阿霍图冕状物**（59°N，106°E，直径 290 千米）拔地而起，它是一组"心形"断裂特征，周围有一组分布更广泛的辐射状熔岩流。有几块镶嵌地形与这两个平原相接，最西侧的是**杰克拉镶嵌地形**（57°N，72°E，直径 1363 千米），最东侧的是**阿南刻镶嵌地形**（53°N，137°E，直径 1060 千米）。有明显的证据表明，阿南刻镶嵌地形是金星地壳裂变的产物，因为它的北部和南部被一个宽度约为 100 千米的不规则缺口分割开来，而缺口两侧特征恰好可以很完美地嵌合在一起。**科克伦双环**陨石坑（52°N，143°E，直径 100 千米）坐落在阿南刻镶嵌地形的东部边界上。

　　特勒斯镶嵌地形是一块多边形高原，面积超过 400 万平方千米，相当于地球上撒哈拉沙漠的面积。与大多数其他地区的镶嵌地形一样，特勒斯镶嵌地形所在的区域首先经历了地幔物质下沉、地壳压缩以及逆冲断裂活动，然后是地壳松弛和火山熔岩流的冲刷。在特勒斯镶嵌地形的北部，我们可以发现两个火山口，分别是**阿普伽火山口**（43°N，84°E，直径 126 千米）和**艾略特火山口**（39°N，79°E，直径 116 千米）。再往北，在特勒斯镶嵌地形和较小的断裂高原——**梅尼镶嵌地形**（48°N，78°E，直径 454 千米）——之间的金星地表上，有一个低洼的熔岩平原和一个被

图 3.5 第二区（60°E~180°E）的主要地貌

熔岩流淹没过的断裂地带。在特勒斯镶嵌地形的东北边缘之外，是**梅德伊涅深谷**（46°N，89°E），它是一个笔直的深谷——虽然绵延了 600 千米，但其大部分躯干都是笔直的。特勒斯镶嵌地形的东部边缘是这片地形中海拔最高的部分，那里有一系列的褶曲山地，高出金星平均地表平面 3000 米。在特勒斯镶嵌地形的南部，其海拔起初也超过了 2000 米，而后在朝向**洛瓦纳平原**（43°N，98°E，直径 2700 千米）的杂乱地形上逐渐降低，洛瓦纳平原包裹住了特勒斯镶嵌地形的东部和南部边缘。**柯特拉维深谷**（31°N，78°E）蜿蜒地穿过了特勒斯镶嵌地形的西南部高地，长约 744 千米。被**马尔杰日-阿瓦山脊**（32°N，69°E，长 906千米）分隔开来的勒达平原和**阿赫塔玛尔平原**（27°N，65°E，直径 2700 千米），共同朝向特勒斯镶嵌地形西部倾斜。

尼俄伯平原（21°N，112°E，直径 5008 千米）是金星上最广阔的平原之一，它横跨了金星北半球的中纬度[①]地区。许多西北—东南走向的地貌穿过了尼俄伯平原，北起**阿克鲁瓦小丘群**（46°N，116°E，直径 1059 千米），南至**乌尼山脊**（34°N，114°E，长 800千米）；乌尼山脊北端与**库图镶嵌地形**（40°N，109°E，直径 653千米）相接，南端与**戈古提镶嵌地形**的北边缘（17°N，121°E，直径 1600 千米）相连。一组小型冕状物占据了尼俄伯平原的南部和**索戈伦平原**（8°N，107°E，直径 1600 千米），它们包括**蒂莎娜冕状物**（15°N，112°E，直径 100 千米）、**阿拉图冕状物**（16°N，114°E，直径 125 千米）、**胡米亚冕状物**（15°N，118°E，直径 100 千米）以及**奥梅库阿特莉冕状物**（17°N，119°E，直径175 千米）。

---

① 中纬度是指南北纬 30° 至 60° 之间的纬度带。

在戈古提镶嵌地形以东，**尤罗娜平原**（18°N，145°E，直径 2600 千米）和其北部毗邻的**韦拉摩平原**（45°N，149°E，直径 2155 千米）都被一些南北走向的山脊地貌给弄得褶皱不平了。这些山脊地貌包括**利霍镶嵌地形**（40°N，134°E，直径 1200 千米）、**涅斐勒山脊**（40°N，139°E，长 1937 千米）、**弗丽加山脊**（51°N，151°E，长 896 千米）和**维特玛山脊群**（42°N，159°E，直径 3345 千米），其中，维特玛山脊群是金星上分布范围最广的褶皱脊系统。前述这些山脊穿过了尤罗娜平原北部，并延伸到几个大型冕状物附近，这几个大型冕状物分别是**波安娜冕状物**（27°N，137°E，直径 300 千米）、**卡乌提奥万冕状物**（32°N，143°E，直径 553 千米）以及**韦季–阿瓦冕状物**（33°N，143°E，直径 200千米）。

在尤罗娜平原中部，有一组撞击坑，即**玛利亚·切莱斯特陨石坑**（23°N，140°E，直径 98 千米）、**格林纳威**陨石坑（23°N，145°E，直径 93 千米）、**卡里胡**陨石坑（21°N，141°E，直径 34 千米）以及**伯克·怀特**陨石坑（21°N，148°E，直径 34 千米），它们所在区域是金星上雷达反射率最低的地区之一。在这些陨石坑的南部，有几个冕状物，包括**阿朋第亚冕状物**（19°N，125°E，直径 250 千米）和**库巴巴冕状物**（16°N，133°E，直径 125 千米）。在尤罗娜平原东部，还有令人印象深刻的、呈蛛网状的**伊图瓦纳冕状物**（20°N，154°E，直径 220 千米）以及与之有关的熔岩流地貌——**普拉乌里麦熔岩流波地块**（16°N，154°E，直径 750 千米）。普拉乌里麦熔岩流波地块一直向南延伸到了**鲁萨尔卡平原**（10°N，170°E，直径 3655 千米）的西北部地区。

鲁萨尔卡平原是一个低洼平原，其北部与**涅墨西斯镶嵌地形**（40°N，181°E，直径 355 千米）和**雅典娜镶嵌地形**（35°N，

175°E，直径 1800 千米）相连。在鲁萨尔卡平原南部中央，有一块隆起地貌，主要分布着**拉玛什图山**（3°N，173°E，直径 260 千米）、**汉娜罕娜冕状物**（0°N，171°E，直径 200 千米）、**尼尔玛莉冕状物**（6°S，172°E，直径 60 千米）、蛛网状的**萨乌纳乌冕状物**（1°S，173°E，220 千米 × 160 千米）和**爱琴冕状物**（5°S，175°E，直径 200 千米）等地貌特征。两个广泛分布的熔岩流地貌——**阿尔金巴萨熔岩流波地块**（0°N，176°E，直径 950 千米）和**多提泰姆熔岩流波地块**（6°S，178°E，直径 530 千米），扩散到了爱琴冕状物北部和南部的平原地区。鲁萨尔卡平原东部的大片区域被许多长长的、南北走向的山脊所穿过，这些山脊包括**扎鲁亚尼查山脊**（0°N，170°E，长 1100 千米）、**雅尔亚涅山脊**（7°N，177°E，长 1200 千米）以及**波卢德尼查山脊**（5°N，180°E，长 1500 千米）。

玛纳图姆镶嵌地形（4°S，64°E，直径 3800 千米）是金星上第二大已获命名的镶嵌地形，它占据了尼俄伯—阿芙洛狄忒—阿尔忒弥斯区最西侧的赤道区域，构成了金星上的巨型大陆——阿芙洛狄忒高地——的西部延伸地貌。从地形上看，玛纳图姆镶嵌地形的形状有点像一个环形甜甜圈，其边缘区域相对于凹陷的中心区域升高了 3000 米。这个凹陷的中心区域，位于金星平均地表平面上，可能是由于岩石圈冷却引起地幔物质下流或沉降而形成的。玛纳图姆镶嵌地形最高最宽的地方位于它的北部、东部和南部，而它的西部则是一个相对较低的三角形高原地貌。玛纳图姆镶嵌地形的中心地貌主要是**薇儿丹蒂冕状物**（6°S，65°E，直径 180 千米），它是一个边界清晰的圆形地貌特征，内部光滑且雷达成像为暗色，一束东西走向的断裂特征穿过了薇儿丹蒂冕状物。

玛纳图姆镶嵌地形的北部边界十分清晰，它由 2000 米高的陡坎地貌——**赫斯蒂娅峭壁**（6°N，71°E，长 588 千米）——所组成。在玛纳图姆镶嵌地形的北部边界之外，是一片未获命名的平原地貌，其上有**赫乌拉鲁冕状物**（9°N，68°E，直径 150 千米）及其放射状的断裂特征，以及年轻的撞击坑——**阿迪瓦尔**陨石坑（9°N，76°E，直径 30 千米）；除了周围有一组叶状的喷射熔岩流外，阿迪瓦尔陨石坑还被一个非常大的、雷达成像为明亮色的喷射物"彗发"所包围，喷射物"彗发"向西掠过了雷达成像为暗色的平原地区。几个狭长且显眼的山脊在更北的地方穿过了平原，其中包括**莱姆克岑山脊**（19°N，69°E，长 2000 千米）和**乌涅拉努希山脊**（12°N，87°E，长 2600 千米）。

　　玛纳图姆镶嵌地形的东部边界由**卡勒塔什冕状物**（1°N，75°E，直径 450 千米）的边缘特征所组成，卡勒塔什冕状物的北侧岩壁，可能是由于地壳断裂而被破开了。另一个断裂地貌特征——**塔维拉峡谷**（12°S，68°E，长 500 千米），在东南方向形成了一个 80 千米宽的边界，将玛纳图姆镶嵌地形和**奥瓦达区**的大型山地区域分隔开来，奥瓦达区是阿芙洛狄忒高地的中央地块的组成部分。

　　奥瓦达区的面积约为 1000 万平方千米，与美国差不多大。其大部分区域被平均海拔 5000 米高的、由镶嵌地形组成的高原地貌所占据，高原地貌周围是平均海拔约 2000 米、宽 150 千米的"大陆架"[①]。虽然奥瓦达区的许多构造特征通常呈"东西走向"，表明此处地壳压缩的方向来自南北，但是，其中心部分地

---

① 大陆架是指大陆沿岸土地在海面下向海洋的延伸，被海水所覆盖的大陆。这里，奥瓦达区中心高原地貌周围的高地，就像是中心高原地貌延伸出去的"大陆架"。

区还是存在一系列被扭曲的呈"南北走向"的山脊和谷地。奥瓦达区的西北部被包括**纳尤努维山脉**（2°N，83°E，长900千米）在内的诸多平行山脊地貌所包围。纳尤努维山脉是因挤压而形成的地质构造，它在**哈邦德冕状物**（3°N，82°E，直径125千米）以南蜿蜒。在它们南面的是**科科米凯斯深谷**（0°N，85°E，长1000千米），这是一个底面平坦的、曾被熔岩流淹没过的裂谷，平均宽度为50千米。

奥瓦达区南部有一个未获命名的大型冕状物（10°S，89°E，直径100千米），在这个大型冕状物的南部，坐落着金星上最广阔的熔岩流通道——**洛神峡谷群**（15°S，95°E）。这些峡谷蜿蜒地穿过了大约1万平方千米的金星地表，其中大多数向南蜿蜒进入了**塔赫米娜平原**（23°S，80°E，直径3000千米）边缘的平原地区。

奥瓦达区东北部由镶嵌地形组成的高地朝着北侧的索戈伦平原隆起，索戈伦平原上细长的乌涅拉努希山脊与奥瓦达区的边界线大致平行，相距约100千米。在这片地区，有几个尚未变形的撞击坑，例如，**德·波伏娃**陨石坑（2°N，96°E，直径53千米），它们的存在表明：奥瓦达区的年龄应该很大，并且近期没有经历重大的地质构造活动。在奥瓦达区东部，我们可以明显地看到：镶嵌地形不再是主要地貌，而是让位于压缩性断裂特征，压缩性断裂形成的山脊地貌构成了奥瓦达区的东部轮廓。在这片地区，我们可以发现一些尚未被命名的、被熔岩流淹没过的大型峡谷，特别是一个长360千米、宽40千米的峡谷（中心位于3°N，106°E）和另一个长450千米、平均宽65千米的峡谷（中心位于2°S，104°E），两者的雷达成像皆为暗色且底面光滑。该地区南北走向的地形一直延伸到了奥瓦达区东部边缘的辐射状山脊、断裂和山谷等地貌特征的中心（7°S，108°E）。在奥瓦达区南部，两个大型裂谷地貌——**库阿嘉深谷**（12°S，100°E，长890千米）和**拉克－乌姆古深谷**（15°S，106°E，长840千米）——一直在向东延伸。其中，拉克－乌姆古深谷将平坦的**图兰高原**（13°S，117°E，直径800千米）和**维瑞普拉卡高原**（20°S，112°E，直径1200千米）分隔开来。

忒提斯区（11°S，130°E，直径2801千米）位于阿芙洛狄忒高地的东部，是一块高地地貌，其大部分位于金星赤道以南。忒提斯区的面积约为500万平方千米，大概是奥瓦达区面积的一半，与西欧的面积相当。忒提斯区的大部分内部区域海拔很高，在金星平均地表平面以上4000~5000米左右；但是与忒提斯区所处的、更广阔的（覆盖了金星很大一部分区域的）阿芙洛狄忒高地相比，忒提斯区便相形见绌了；阿芙洛狄忒高地北起**哈斯特斯－巴阿德镶嵌地形**（6°N，127°E，直径2600千米）的北部，南至阿尔忒弥斯冕状物的南部。像金星上其他由镶嵌地形构成的高地一样，雷达图像显示，忒提斯区也曾经历了复杂的断裂作用和褶皱变形，这是由地质构造运动和地幔运动导致的地壳应力变化所造成的。从忒提斯区总体地形格局来看，有一些证据表明它曾经历了顺时针方向的地形旋转，在忒提斯区东南部，我们发现有东北—西南走向的走滑断层；在忒提斯区南部，我们发现**维里－阿瓦深谷**（17°S，124°E，长1700千米）周围有西东走向的断层特征；另外，在忒提斯区东北部，我们发现有压缩地貌特征。

除了图兰高原和维瑞普拉卡高原之外，我们在忒提斯区南部和巨大的阿尔忒弥斯冕状物之间，还可以找到许多边界清晰、地形平坦的大型裂谷特征。阿尔忒弥斯冕状物是目前金星上最大的冕状物，其直径为 2600 千米，呈圆形，其东部和南部边界十分清晰，由阿尔忒弥斯深谷所构成。阿尔忒弥斯深谷是阿尔忒弥斯冕状物外围一个近乎连续的山谷，长度超过 3000 千米，宽 140 千米，深 2000 米。在北部，阿尔忒弥斯冕状物的分支与弯弯曲曲的基利亚深谷和**布里托玛耳提斯深谷**（33°S，130°E，长 1000 千米）的北端相连。布里托玛耳提斯深谷蜿蜒地穿过了阿尔忒弥斯冕状物的中心，并在阿尔忒弥斯冕状物的西部边缘产生了分叉，其中一个分支继续向西延伸进入了朱诺深谷，另一个分支则向南延伸，并重新进入了阿尔忒弥斯深谷。

在忒提斯区东部，高地地形变得狭窄，并向北延伸到了一个尚未被命名的平坦高原（15°S，140°E，直径 950 千米），其特征与伊什塔尔高地的拉克希米高原（见上文"第一区"）类似。在这片地区，我们可以发现许多清晰的地堑谷和裂谷特征，包括**维登－埃玛峡谷**（15°S，141°E，长 300 千米）、狄安娜深谷以及**达丽深谷**（18°S，167°E，长 2077 千米），它们共同形成了一个复杂的山谷网络。狄安娜深谷长度超过 900 千米，向东延伸至"新星型"**米拉莱德吉冕状物**（14°S，164°E，直径 300 千米），而达丽深谷则与**阿泰尼西克冕状物**（19°S，170°E，直径 700 千米）边缘突出的山谷轮廓相连。然而（前述只是"冰山一角"），更多突出的深层山谷或是从阿泰尼西克冕状物向东北方向延伸，直抵**西芙冕状物**（10°S，177°E，直径 350 千米）和**热米纳冕状物**（12°S，186°E，直径 530 千米）（见下文"第三区"），或是向南延伸，直抵**阿格劳洛斯冕状物**（28°S，166°E，直径 170 千米）。

我们把镜头转到第二区的西南部，可以看到从第一区（见上文）延伸出来的塔赫米娜平原，其上方是玛纳图姆镶嵌地形和奥瓦达区。沿着塔赫米娜平原南部搜寻，我们可以发现狭长的、南北走向的**西王母镶嵌地形**（30°S，62°E，直径 1300 千米）以及构造良好的冕状物群，包括**尼西提格拉冕状物**（25°S，72°E，直径 275 千米）、**阿尔迈提冕状物**（26°S，82°E，直径 350 千米）和**大宜津比卖冕状物**（27°S，86°E，直径 175 千米），这些冕状物的底部都深陷在周围的平原地貌之下。该地区唯一地形较高的地方是一个火山锥地貌——**库纳皮皮山**（34°S，86°E，直径 220 千米），它高达 3000 米。

　　塔赫米娜平原的南部与**艾诺平原**（41°S，95°E，直径 4985 千米）相接，艾诺平原比较平坦，变得像是一个十分光滑的盆地，其西南部有一组相当大的冕状物，其中比较突出的是**霍童冕状物**（47°S，82°E，直径 200 千米）、**伊昴－姆迪厄冕状物**（47°S，86°E，直径 300 千米）、**卡利契冕状物**（48°S，88°E，直径 125 千米）和**玛赫冕状物**（49°S，85°E，直径 200 千米）。艾诺平原的西南边界是一片广阔的隆起区域，由多种地貌特征所组成，其中包括"新星型"的**科皮亚冕状物**（43°S，76°E，直径 500 千米）、**兹姆塞拉山脊**（48°S，74°E，长 850 千米）、**奥舒马勒山脊**（59°S，79°E，长 550 千米）以及**杜涅－穆松冕状物**（60°S，85°E，直径 630 千米）。科皮亚冕状物是构成**伊拉赫瓦熔岩流波地块**（43°S，84°E，直径 900 千米）的熔岩流的源头，伊拉赫瓦熔岩流波地块覆盖了艾诺平原的部分地区。

　　沙拉坦加深谷是一个长约 1300 千米的裂谷系统，它和**戈雅古嘎深谷**（57°S，70°E，长 800 千米）一起，共同沿着**穆加佐平原**（69°S，60°E，直径 1500 千米）的北部边缘延伸。穆加佐平原的雷达成像为暗色，使得其上的撞击坑清晰可见。在这片地区，我们可以发现一组分布均匀的撞击坑，分别是**马许陨石坑**（64°S，47°E，直径 48 千米）、**别尔戈丽茨**陨石坑（64°S，53°E，直径 30

千米）、**达努特**陨石坑（64°S，57°E，直径12千米）、**兰德**陨石坑（64°S，60°E，直径24千米）、**尚提卡**陨石坑（64°S，67°E，直径19千米）、**露西娅**陨石坑（62°S，68°E，直径16千米）和**吉特卡**陨石坑（62°S，71°E，直径13千米），它们分布在同一纬度带。

宽广的**拉伊姆多塔平原**（58°S，117°E，直径1800千米）的地形有些单调，在其东北和东南方向上，相邻的平原均与之融合到了一起。拉伊姆多塔平原上有一个特别值得注意的撞击坑特征，即**亚当斯陨石坑**（56°S，99°E，直径87千米），它的喷出物所形成的地貌特征不对称，看起来像是一条美人鱼。拉伊姆多塔平原东部有一条山脊，即**桑纳山脊**（53°S，134°E，长500千米），它被**特勒乌深谷**（60°S，125°E，长600千米）所截断，在桑纳山脊南部，升起了两个冕状物，分别是**拉特米卡伊克冕状物**（64°S，123°E，直径500千米）和**杰俄哈克奥冕状物**（68°S，118°E，直径300千米）。这片地区有许多熔岩流波地块，其中著名的有**阿鲁巴尼熔岩流波地块**（55°S，132°E，直径620千米）和**纳姆布比熔岩流波地块**（61°S，135°E，直径850千米）。

在尚未提及的第二区东南方向更远的区域，我们几乎找不到显著的地形特征。这片区域包含了**吉别克平原**（40°S，157°E，直径2000千米）、**伊玛普伊努阿平原**（60°S，142°E，直径2100千米）以及**恩索墨卡平原**（53°S，195°E，直径2100千米）的西部地区。在这三个平原的交界处，地壳隆起，形成了**德索诺克瓦区**（53°S，167°E，直径1500千米）。德索诺克瓦区是一个以**托娜坎冕状物**（53°S，164°E，直径400千米）为主要地貌特征的丘陵地区，其北部被**诺尔提亚镶嵌地形**（49°S，160°E，直径650千米）所穿过，西部是由**门娜小丘群**（53°S，160°E，直径850千米）构成的条纹地貌。第二区最后值得一提的地貌特征是

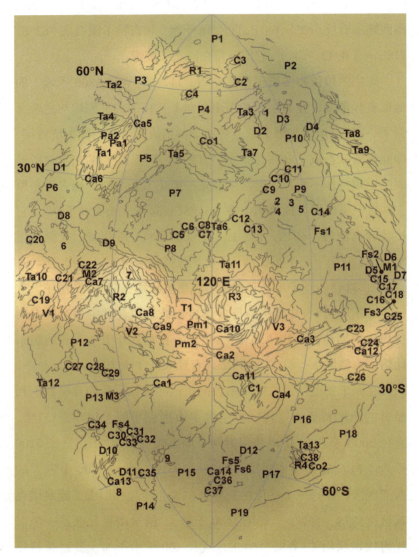

图 3.6　第二区（60°E~180°E）地图，即尼俄伯—阿芙洛狄忒—阿尔忒弥斯区地图。地图中显示了文中所描述的地貌特征的位置。

阿尔玛-墨尔根平原（76°S，100°E，直径 1500 千米），它一直向南延伸到了金星南极。

地图中的重要地貌特征如下：

Pa 表示"火山口"；Rs 表示"峭壁"；Ta 表示"镶嵌地形"；Ca 表示"深谷"；Fo 表示"堑沟"；Fs 表示"熔岩流波地块"；Fa 表示"煎饼状穹丘"；Co 表示"小丘群"；M 表示"山"；Pm 表示"高原"；P 表示"平原"；C 表示"冕状物"；D 表示"山脊"；T 表示"高地"；V 表示"峡谷"；R 表示"区"。

C1. 阿尔忒弥斯冕状物；C2. 南丁格尔冕状物；C3. 埃尔哈特冕状物；C4. 法阿霍图冕状物；C5. 蒂莎娜冕状物；C6. 阿拉图冕状物；C7. 胡米亚冕状物；C8. 奥梅库阿特莉冕状物；C9. 波安娜冕状物；C10. 卡乌提奥万冕状物；C11. 韦季－阿瓦冕状物；C12. 阿朋第亚冕状物；C13. 库巴巴冕状物；C14. 伊图瓦纳冕状物；C15. 汉娜罕娜冕状物；C16. 尼尔玛莉冕状物；C17. 萨乌纳乌冕状物；C18. 爱琴冕状物；C19. 薇儿丹蒂冕状物；C20. 赫乌拉鲁冕状物；C21. 卡勒塔什冕状物；C22. 哈邦德冕状物；C23. 米拉莱德吉冕状物；C24. 阿泰尼西克冕状物；C25. 西芙冕状物；C26. 阿格劳洛斯冕状物；C27. 尼西提格拉冕状物；C28. 阿尔迈提冕状物；C29. 大宜津比卖冕状物；C30. 霍童冕状物；C31. 伊昂－姆迪厄冕状物；C32. 卡利契冕状物；C33. 玛赫冕状物；C34. 科皮亚冕状物；C35. 杜涅－穆松冕状物；C36. 拉特米卡伊克冕状物；C37. 杰俄哈克奥冕状物；C38. 托娜坎冕状物。Pm1. 图兰高原；Pm2. 维瑞普拉卡高原。P1. 洛乌希平原；P2. 阿塔兰忒平原；P3. 阿乌德拉平原；P4. 提莉－汉乌姆平原；P5. 洛瓦纳平原；P6. 阿赫塔玛尔平原；P7. 尼俄伯平原；P8. 索戈伦平原；P9. 尤罗娜平原；P10. 韦拉摩平原；P11. 鲁萨尔卡平原；P12. 塔赫米娜平原；P13. 艾诺平原；P14. 穆加佐平原；P15. 拉伊姆多塔平原；P16. 吉别克平原；P17. 伊玛普伊努阿平原；P18. 恩索墨卡平原；P19. 阿尔玛－墨尔根平原。M1. 拉玛什图山；M2. 纳尤努维山脉；M3. 库纳皮皮山。R1. 特提斯区；R2. 奥瓦达区；R3. 忒提斯区；R4. 德索诺克瓦区。Co1. 阿克鲁瓦小丘群；Co2. 门娜小丘群。T1. 阿芙洛狄忒高地。Ta1. 特勒斯镶嵌地形；Ta2. 杰克拉镶嵌地形；Ta3. 阿南刻镶嵌地形；Ta4. 梅尼镶嵌地形；Ta5. 库图镶嵌地形；Ta6. 戈古提镶嵌地形；Ta7. 利霍镶嵌地形；Ta8. 涅墨西斯镶嵌地形；Ta9. 雅典娜镶嵌地形；Ta10. 玛纳图姆镶嵌地形；Ta11. 哈斯特斯－巴阿德镶嵌地形；Ta12. 西王母镶嵌地形；Ta13. 诺尔提亚镶嵌地形。Ca1. 朱诺深谷；Ca2. 基利亚深谷；Ca3. 狄安娜深谷；Ca4. 阿尔忒弥斯深谷；Ca5. 梅德伊涅深谷；Ca6. 柯特拉维深谷；Ca7. 科科米凯斯深谷；Ca8. 库阿嘉深谷；Ca9. 拉克－乌姆古深谷；Ca10. 维里－阿瓦深谷；Ca11. 布里托玛耳提斯深谷；Ca12. 达丽深谷；Ca13. 戈雅古嘎深谷；Ca14. 特勒乌深谷。Rs1. 赫斯蒂娅峭壁。V1. 塔维拉峡谷；V2. 洛神峡谷群；V3. 维登－埃玛峡谷。Pa1. 阿普伽火山口；Pa2. 艾略特火山口。D1. 马尔杰日－阿瓦山脊；D2. 涅斐勒山脊；D3. 弗丽加山脊；D4. 维特玛山脊群；D5. 扎鲁亚尼查山脊；D6. 雅尔亚涅山脊；D7. 波卢德尼查山脊；D8. 莱姆克岑山脊；D9. 乌涅拉努希山脊；D10. 兹姆塞拉山脊；D11. 奥舒马勒山脊；D12. 桑纳山脊。Fs1. 普拉乌里麦熔岩流波地块；Fs2. 阿尔金巴萨熔岩流波地块；Fs3. 多提泰姆熔岩流波地块；Fs4. 伊拉赫瓦熔岩流波地块；Fs5. 阿鲁巴尼熔岩流波地块；Fs6. 纳姆布比熔岩流波地块。陨石坑：1. 科克伦双环陨石坑；2. 玛利亚·切莱斯特陨石坑；3. 格林纳威陨石坑；4. 卡里胡陨石坑；5. 伯克·怀特陨石坑；6. 阿迪瓦尔陨石坑；7. 德·波伏娃陨石坑；8. 吉特卡陨石坑；9. 亚当斯陨石坑

第三区：克维勒—亚特拉—海伦区（180°E~300°E）

"各式各样的充满褶皱山的平原与深谷断裂、山脉散布的地区，共同组成了金星第三区"，这是对金星第三区最好的描述。在第三区西北部成片的平原地貌中，**维玛拉平原**（54°N，208°E，直径 1635 千米）和**加尼基平原**（40°N，202°E，直径 5160 千米）是褶皱最严重的两个平原，其上布满狭长的山脊，将小面积的镶嵌地形连接了起来，而东部的**克维勒平原**（33°N，247°E，直径 3910 千米）、**莉布丝平原**（60°N，290°E，直径 1200 千米）以及圭尼维尔平原（见上文"第一区"）西侧远端部分，则相当平坦。在第三区南部，从西侧的**亚特拉区**（9°N，200°E，直径 3200 千米）到东侧的**贝塔区**（25°N，283°E，直径 2869 千米），其间一系列的地貌特征均被一个巨大的深谷网络连接了起来，这个深谷网络西起达丽深谷（见上文"第二区"），途经**泽瓦娜深谷**（9°N，212°E，长 900 千米）和**赫卡忒深谷**（18°N，254°E，长 3145 千米），

东至**德瓦纳深谷**（16°N，285°E，长 4600 千米）。

在**雪姑娘平原**（87°N，328°E，直径 2775 千米）北部远端，是地形平坦的低地平原地貌，其西侧与**坚尼查山脊**（86°N，206°E，长 872 千米）相接。坚尼查山脊是一个南北走向的山脊系统最北端的延伸特征，该山脊系统穿过了维玛拉平原，维玛拉平原是整个金星上褶皱最多的地区之一。前述山脊系统中最突出的一些地貌特征包括**卢盖朗山脊**（73°N，179°E，长 1566 千米）、**拉乌玛山脊**（65°N，190°E，长 1517 千米）、**阿赫松努特莉山脊**（48°N，197°E，长 1708 千米），以及**潘德罗索斯山脊**（58°N，208°E，长 1254 千米）。潘德罗索斯山脊在两个冕状物群之间蜿蜒，这两个冕状物群分布在潘德罗索斯山脊南北两侧，北部的冕状物群包括**穆扎穆扎冕状物**（66°N，205°E，直径 163 千米）、**卡萨特冕状物**（66°N，208°E，直径 152 千米）和**恩津加冕状物**（69°N，206°E，直径 140 千米），南部的冕状物群包括**凯丽德温冕状物**（50°N，202°E，直径 217 千米）和**那伊泰尔科布冕状物**（50°N，205°E，直径 211 千米）。

在雪姑娘平原南部，有一片隆起地貌，称为**墨提斯区**（71°N，252°E，直径 729 千米），**塔罗山**（76°N，234°E，直径 216 千米）和**拉恩潘特山**（76°N，236°E，138 千米）是这片区域里比较突出的两个地貌特征。墨提斯区东部地区的地形较低但丘陵众多，与**谟涅摩叙涅区**（66°N，280°E，直径 875 千米）地形融合到了一起。谟涅摩叙涅区包含"新星型"**斐罗尼亚冕状物**（68°N，282°E，直径 360 千米）、**科阿特莉库埃冕状物**（63°N，273°E，直径 199 千米），以及**拉纳涅伊达冕状物**（63°N，264°E，直径 448 千米）。在谟涅摩叙涅区东部，**邓肯陨石坑**（68°N，292°E，直径 40 千米）在一片由许多线性断层特征组

图 3.7 第三区（180°E~300°E）的主要地貌特征

成的、雷达成像为暗色的平原上显得格外突出。

　　俄库佩忒山脊（68° N，240° E，长 1200 千米）位于墨提斯区南部边缘，它沿着一条未被命名且曾被熔岩流淹没过的笔直裂谷（中心位于 66° N，245° E）的边缘蜿蜒，这条笔直裂谷长约 1090 千米，平均宽度为 120 千米。在这片区域的南部，是**维里莉斯镶嵌地形**（56° N，240° E，直径 782 千米），它的西南侧轮廓清晰尖锐，形成了一条西北—东南走向的线条，与平坦的克维勒平原西北部地区相邻。

　　加尼基平原是一个褶皱严重的地区，它从韦拉摩平原（见上文"第二区"）一直延伸到了乌尔丰区。在加尼基平原内，有几

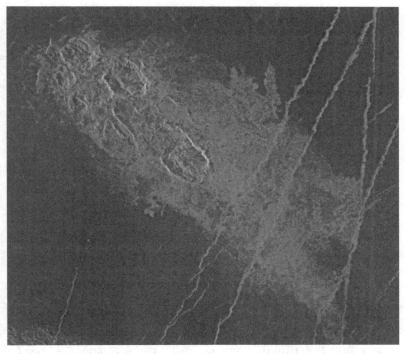

图 3.8　位于克维勒平原南部的一个不规则陨石坑——泰尔希陨石坑（46°N，253°E，直径 11 千米）。

个拔地而起的、突出的地貌特征，包括镶嵌地块——**涅墨西斯镶嵌地形**（40° N，181° E，直径 355 千米）和**勒赫赫镶嵌地形**（29° N，189° E，直径 1300 千米），以及线状悬崖地貌——**福耳那克斯峭壁**（30° N，201° E，长 729 千米）。

乌尔丰区位于加尼基平原东部边缘，是一块隆起区域，处在一系列南北走向的大型山脊中。这些大型山脊被**齐莎冕状物**（12° N，221° E，直径 850 千米）和众多的堑沟特征所分隔开来，北起靠近**萨克瓦帕－玛纳山**（35° N，220° E，直径 500 千米）的**贝罗那堑沟**（38° N，222° E，长 855 千米），南至**斐亚堑沟**（28° N，224° E，长 620 千米）。乌尔丰区连接了两个巨大的深谷系统——泽瓦娜深谷和赫卡忒深谷，泽瓦娜深谷位于亚特拉区西部，赫卡忒深谷则位于**阿斯忒里亚区**（22° N，268° E，长 1131 千米）东部。

在乌尔丰区东北部的克维勒平原上，出现了几个大型的火山丘地貌，其中比较突出的是**塞赫麦特山**（45° N，241° E，直径 285 千米）、**威尼利亚山**（33° N，239° E，直径 320 千米）以及与圭尼维尔平原(见上文"第一区")西部交界的**阿提拉山**（52° N，268° E，直径 152 千米）。克维勒平原向南过渡到阿斯忒里亚区的标志是丘陵状的、东西走向的**苏杰尼查镶嵌地形**（33° N，270° E，直径 4200 千米）和南北走向的**雪女镶嵌地形**（39° N，261° E，直径 1200 千米）。阿斯忒里亚区南部被赫卡忒深谷所占据，赫卡忒深谷是一个 3145 千米长的裂谷和山脊系统，因地幔物质上涌和地壳张力作用而形成，有构造边界扩张的迹象。赫卡忒深谷在"新星型"**塔兰加冕状物**（17° N，252° E，直径 525 千米）和**波莉克玛纳山**（25° N，264° E，直径 600 千米）之间蜿蜒。

与阿斯忒里亚区相邻的是贝塔区，其地形延续了阿斯忒里亚区的深谷与镶嵌地形地貌系统，贝塔区的主要地貌特征是位于其中心的、雷达成像为明亮色的**忒伊亚山**（23°N，281°E，直径226千米）。忒伊亚山是金星上最大的火山之一，其高度超过了4000米，它被巨大的德瓦纳深谷沿纵向分割开来。德瓦纳深谷长约4600千米，沿南北方向延伸，向北切入了**瑞亚山**（32°N，282°E，直径217千米），向南切入了邻近的**福柏区**（6°S，283°E，直径2852千米）高地。贝塔区西部也有一些深谷地貌特征，包括**日沃鲁娜深谷**（19°N，271°E，长1300千米）和**拉托娜深谷**（26°N，268°E，长530千米），其中，拉托娜深谷是赫卡忒深谷在波莉克玛纳山东部的延伸。贝塔区东部与**海恩德拉区**（23°N，295°E，直径2300千米）相邻，海恩德拉区的主要地貌特征是一个狭长的、南北走向的高地山脊，连接着两块镶嵌地形——**泽尔卡镶嵌地形**（33°N，300°E，直径450千米）和**涅多利亚镶嵌地形**（5°N，294°E，直径1200千米）。

亚特拉区位于第三区西部，它横跨了金星赤道。亚特拉区与贝塔区有许多相似之处——它们都是一个大型隆起地区，内部包含许多大型火山，且这些火山被几个深而广的深谷地貌所切分开来。**玛阿特山**（1°N，195°E，直径395千米）是一座横跨金星赤道的巨型火山，比周围的山地高出1700米，其顶峰比金星平均地表平面高出约8000米。紧挨着玛阿特山南部的是**俄格乌提山**（2°S，195°E，直径500千米），其高度变化杂乱无章，坐落在一个沿着亚特拉区南部高地延伸的、未被命名的严重断裂带中。在玛阿特山以北，**甘尼斯深谷**（15°N，194°E，长615千米）将从**奥扎山**（5°N，201°E，直径507千米）延伸到**诺科米斯山脉**（20°N，189°E，长486千米）的一片高地区域分割开来。在玛阿特山的西部，有一座孤独耸立的火山——**沙帕什山**（9° N，188° E，直径217千米），它有一个直径为25千米的火山臼，且比其周围的丘陵地貌高出1500米以上，这片丘陵地貌属于鲁萨尔卡平原（见上文"第二区"）的东部区域。沙帕什山坐落在一个引人注目的、由星形断裂和熔岩流组成的区域的中心，这些断裂特征和熔岩流因周围背景地貌的雷达成像为暗色而被衬托了出来。在鲁萨尔卡平原东部，有一个被雷达成像为明亮色的叶状熔岩流紧紧包围着的撞击坑——**范舒曼陨石坑**（5° S，191° E，直径29千米），它的周围有一个更大的冕状物特征，其由轻质喷出物所构成并且向西拂掠了出去。

有几个深谷地貌在奥扎山附近汇合，它们分别是来自北部的**特卡什－玛帕深谷**（13° N，206° E，长1100千米），来自东北部的泽瓦娜深谷，以及来自东部的**基切达深谷**（3° S，213° E，长1500千米），其中，特卡什－玛帕深谷穿过了**纳哈斯－赞山**（14° N，205° E，直径500千米）的东部侧翼。在基切达深谷以南，我们可以发现各种地貌特征，包括**人鱼姬熔岩流波地块**（6° S，206° E，直径970千米）、"新星型"**奥杜杜瓦冕状物**（11° S，212° E，直径150千米），以及由**约图妮火山口**（7° S，214° E，80千米×104千米）和**玛拉姆冕状物**（8° S，222° E，直径600千米）构成的冕状物群。

赫那莫阿平原（5° N，265° E，直径3700千米）的低洼地形一直延伸到了第三区的赤道中心部分区域。在赫那莫阿平原东北部，一个轮廓扭曲的火山隆起地貌——**阿鲁鲁冕状物**（9° N，262° E，直径450千米），与其邻近的**拉玛火山**（8° N，266° E，直径110千米）一起矗立在赫那莫阿平原上。赫那莫阿平原东部是两个孤独耸立的火山——**杜利基山**（10° N，

275° E，直径 520 千米）和**绍奇凯察利山**（4° N，270° E，80千米）。在赫那莫阿平原东南部，**奇蒙玛纳镶嵌地形**（3° S，270° E，直径 1500 千米）从最东边的福柏区一直延伸到**乌蕾扎提山**（12° S，261° E，直径 500 千米），形成了一条弯曲的长条地带。

赫那莫阿平原中心和西南部的大部分地区，其地形皆有略微隆起，且被一些相当大的冕状物所覆盖，这些冕状物包括"新星型"**雅维涅冕状物**（6° S，251° E，直径 450 千米）、"新星型"**托拉尼冕状物**（8° S，243° E，直径 200 千米）、**埃尔基耳冕状物**（16° S，234° E，直径 275 千米）、**阿提特冕状物**（16° S，244° E，直径 600 千米），以及**卢贾塔科冕状物**（13° S，251° E，直径 300 千米）。

瓦乌瓦卢克平原（30°S，217°E，直径 2600 千米）是一个从亚特拉区南部延伸到**艾姆德尔区**（43°S，212°E，直径 1611 千米）的大型平原，其西部的大片土地被**阿底提山脊**（30°S，189°E，长 1200 千米）那南北走向的山脊和**希罗纳山脊**（44°S，194°E，长 700 千米）弄成褶皱状了。在瓦乌瓦卢克平原中部，有一个非常显眼的地貌特征——**伊莎贝拉陨石坑**（30°S，204°E，直径 175 千米），它是金星上第二大的撞击坑。两个大型叶状熔岩流特征延伸到了伊莎贝拉陨石坑的南部和东南部，其中，南部的叶状熔岩流特征吞没了部分蛛网状的**诺特冕状物**（32°S，202°E，直径 150 千米）的侧翼，而东南部的叶状熔岩流特征则被较年轻的撞击坑——**科恩陨石坑**（33°S，208°E，直径 18 千米）的喷出物所覆盖。

艾姆德尔区是一个椭圆形的高原，面积约为 85 万平方千米；它是瓦乌瓦卢克平原南部边缘的一片火山隆起区域。一些山脊穿过了艾姆德尔区，这些山脊包括了南部的**努瓦克奇纳山脊**（53° S，

212°E，长 2200 千米）和**阿赖夫山脊**（52°S，216°E，长 420 千米），它们绕过了**伊杜恩山**（47°S，215°E，直径 250 千米）的侧翼。伊杜恩山是艾姆德尔区最高的地貌特征，其最高峰高出周围高原地貌 3000 多米。一个大型山谷系统——**奥拉巴深谷**（42°S，209°E，长 650 千米），从伊杜恩山的侧翼向东北方向蜿蜒。

六条褶皱山脊穿过了恩索墨卡平原东部（见上文"第二区"），并且延伸到了**努普塔蒂平原**（73°S，250°E，直径 1200 千米），其中最大的褶皱山脊包括努瓦克奇纳山脊和**罗卡皮山脊**（55°S，222°E，长 2200 千米）。努普塔蒂平原一直向南延伸到了金星的南极。它的北部有两个小型的褶皱区域，分别是**伊什库斯区**（61°S，245°E，直径 1000 千米）和**涅林加区**（65°S，288°E，直径 1100 千米）。伊什库斯区的地势比涅林加区更高，并且它拥有自己的大型火山地貌——**阿温哈伊山**（60°S，248°E，直径 100 千米）。

海伦平原（52°S，264°E，直径 4360 千米）是金星上的第三大平原，它占据了第三区中南部的大部分区域。几个冕状物地貌特征散布在海伦平原周围，最北部的是**奥努瓦芙冕状物**（33°S，256°E，直径 375 千米），最南部的是**纳奥塞特冕状物**（58°S，250°E，直径 200 千米）。海伦平原西部的低洼盆地被一些南北走向的山脊所穿过，这些山脊包括**蒂尼亚纳维特山脊**（51°S，239°E，长 1500 千米）和**卡斯蒂雅特斯山脊**（53°S，245°E，长 1200 千米），它们都是在地幔物质下沉区域所出现的压缩地貌。

最后要介绍的是位于第三区东南部的**忒弥斯区**（37°S，284°E，直径 1811 千米），它是一个被一系列深谷特征分割了的广阔高地，其上有许多由大型冕状物构成的隆起地貌。**帕尔恩格**

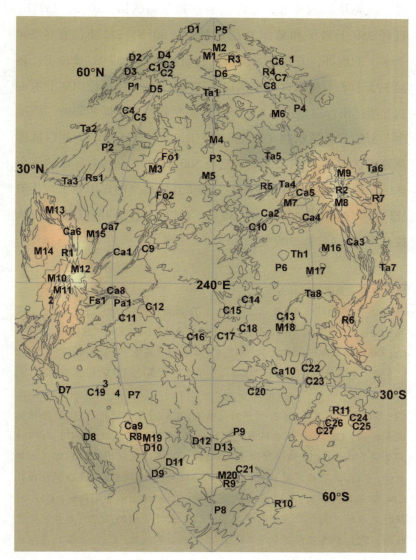

图 3.9　第三区（180°E～300°E）地图，即克维勒—亚特拉—海伦区地图。地图中显示了文中所描述的地貌特征的位置。

深谷（20°S，255°E，长 11,000 千米，是金星上最长的深谷）穿过了忒弥斯区西北部，延伸到**赫尔薇尔冕状物**（26°S，269°E，直径 250 千米）和**莱尔瓦尼冕状物**（30°S，272°E，直径 500 千米）的南部，并跨越了**塞弥剌弥斯冕状物**（37°S，293°E，直径 375 千米）和**保食神冕状物**（39°S，296°E，直径 300 千米）。忒弥斯区南部有金星上最高的两个冕状物特征，即相邻的"新星型"**舒拉弥特冕状物**（39°S，284°E，直径 275 千米）和**西瓦那基娅冕状物**（42°S，280°E，直径 500 千米）。在忒弥斯区的远东地区，隐约可见崎岖的地面上升起了几座孤立的火山地貌，其中比较突出的是**忒弗努特山**（39°S，304°E，直径 182 千米）和**法拉瓦里山**（44°S，309°E，直径 500 千米）。

地图中的重要地貌特征如下：

Pa 表示"火山口"；Rs 表示"峭壁"；Ta 表示"镶嵌地形"；Ca 表示"深谷"；Fo 表示"堑沟"；Fs 表示"熔岩流波地块"；Fa 表示"煎饼状穹丘"；Co 表示"小丘群"；M 表示"山"；Pm 表示"高原"；P 表示"平原"；C 表示"冕状物"；D 表示"山脊"；T 表示"高地"；V 表示"峡谷"；R 表示"区"。

C1. 穆扎穆扎冕状物；C2. 卡萨特冕状物；C3. 恩津加冕状物；C4. 凯丽德温冕状物；C5. 那伊泰尔科布冕状物；C6. 斐罗尼亚冕状物；C7. 科阿特莉库埃冕状物；C8. 拉纳涅伊达冕状物；C9. 齐莎冕状物；C10. 塔兰加冕状物；C11. 奥杜杜瓦冕状物；C12. 玛拉姆冕状物；C13. 阿鲁鲁冕状物；C14. 雅维涅冕状物；C15. 托拉尼冕状物；C16. 埃尔基耳冕状物；C17. 阿提特冕状物；C18. 卢贾塔科冕状物；C19. 诺特冕状物；C20. 奥努瓦芙冕状物；C21. 纳奥塞特冕状物；C22. 赫尔薇尔冕状物；C23. 莱尔瓦尼冕状物；C24. 塞弥剌弥斯冕状物；C25. 保食神冕状物；C26. 舒拉弥特冕状物；C27. 西瓦那基娅冕状物。Th1. 拉玛火山。P1. 维玛拉平原；P2. 加尼基平原；P3. 克维勒平原；P4. 莉布丝平原；P5. 雪姑娘平原；P6. 赫那莫阿平原；P7. 瓦乌瓦卢克平原；P8. 努普塔蒂平原；P9. 海伦平原。D1. 坚尼查山脊；

D2. 卢盖朗山脊；D3. 拉乌玛山脊；D4. 阿赫松努特莉山脊；D5. 潘德罗索斯山脊；D6. 俄库佩忒山脊；D7. 阿底提山脊；D8. 希罗纳山脊；D9. 努瓦克奇纳山脊；D10. 阿赖夫山脊；D11. 罗卡皮山脊；D12. 蒂尼亚纳维特山脊；D13. 卡斯蒂雅特斯山脊。Ta1. 维里莉斯镶嵌地形；Ta2. 涅墨西斯镶嵌地形；Ta3. 勒赫赫镶嵌地形；Ta4. 苏杰尼查镶嵌地形；Ta5. 雪女镶嵌地形；Ta6. 泽尔卡镶嵌地形；Ta7. 涅多利亚镶嵌地形；Ta8. 奇蒙玛纳镶嵌地形。Fs1. 人鱼姬熔岩流波地块。Pa1. 约图妮火山口。Rs1. 福耳那克斯峭壁。Fo1. 贝罗那堑沟；Fo2. 斐亚堑沟。R1. 亚特拉区；R2. 贝塔区；R3. 墨提斯区；R4. 谟涅摩叙涅区；R5. 阿斯忒里亚区；R6. 福柏区；R7. 海恩德拉区；R8. 艾姆德尔区；R9. 伊什库斯区；R10. 涅林加区；R11. 忒弥斯区。Ca1. 泽瓦娜深谷；Ca2. 赫卡忒深谷；Ca3. 德瓦纳深谷；Ca4. 日沃鲁娜深谷；Ca5. 拉托娜深谷；Ca6. 甘尼斯深谷；Ca7. 特卡什－玛帕深谷；Ca8. 基切达深谷；Ca9. 奥拉巴深谷；Ca10. 帕尔恩格深谷。M1. 塔罗山；M2. 拉恩潘特山；M3. 萨克瓦帕－玛纳山；M4. 塞赫麦特山；M5. 威尼利亚山；M6. 阿提拉山；M7. 波莉克玛纳山；M8. 忒伊亚山；M9. 瑞亚山；M10. 玛阿特山；M11. 俄格乌提山；M12. 奥扎山；M13. 诺科米斯山脉；M14. 沙帕什山；M15. 纳哈斯－赞山；M16. 杜利基山；M17. 绍奇凯察利山；M18. 乌蕾扎提山；M19. 伊杜恩山；M20. 阿温哈伊山。陨石坑：1. 邓肯陨石坑；2. 范舒曼陨石坑；3. 伊莎贝拉陨石坑；4. 科恩陨石坑

第四章

观测水星和金星的设备

4.1 视　野

一副虽小但功能强大的双筒望远镜，对任何肉眼观察者来说都是最重要的光学设备；而且，为了能够最大限度地享受肉眼观察天文景象的过程，我们必须小心地对待这些珍贵的小工具。

眼部护理

成年人最好每年进行一次眼部检查，因为通过眼部检查，一些未被发现但可以治疗的疾病（包括非视觉问题）能够提前暴露出来，以便我们及早采取治疗措施。

吸烟行为对吸烟者自身健康的危害自不必多说，此外，其对天文观测也是不利的。我们的眼睛几乎消耗了通过血管到达它们的所有氧气，而令人担忧的是，如果我们每天抽一包香烟，那么血液中的氧气含量就会减少 10% 左右，因为香烟烟雾中的一氧化碳比氧气本身更容易附着在红细胞中的血红蛋白上。

如果在观测水星和金星时饮酒，那么我们所能观测到的水星和金星上的细节便会减少，并且饮酒量越多，所能观察到的细节越少。饮了酒的观察者就算尽了最大努力，其眼睛也不能够始终保持在目镜附近，这样，观察效率就完全达不到要求。酒精会使我们的血管扩张，尽管它可能使得饮酒者在短时间内感到温暖，但是有证据表明在寒冷的夜晚，额外的身体热量流失是很危险的。因此，我们应该避免饮酒，直到观测结束后安全地回到家中并待在室内，方可小酌一杯。

食用各种水果和蔬菜均对保持视力健康有益，特别是像胡萝卜和西兰花这样的深色食物，它们是 β-胡萝卜素和许多类胡萝卜素的良好食物来源。这些物质有助于夜视，并且能帮助我们维持良好的视力。维生素 C 有助于保护眼睛免受紫外线辐射，而且作为一种抗氧化剂，它还可以抑制细胞的自然氧化作用。维生素 E 可以抑制白内障和老年性黄斑变性[1]的发展，这种物质存在于小麦胚芽油、葵花籽、葵花油、榛子、杏仁、小麦胚芽、强化谷物[2]以及花生酱之中。最后值得一提的是，锌元素有助于维持视网膜的健康，并且能在预防老年性黄斑变性方面发挥一定作用。锌元素存在于小麦胚芽、葵花籽、杏仁、豆腐、糙米、牛奶、牛肉和鸡肉之中。如果观察者的血糖水平低，则其视觉敏锐度实际上会降低，因此，在观测过程中吃点儿小零食——无论是巧克力棒还是香蕉——都是既令人愉快又有助于观测的。但是，请不要把香蕉皮扔在地上，否则你可能会看到比你想象中更多的星星[3]。

当心太阳光，莫做蠢事——一份警告

在对水星和金星开展某些观测时，特别是在白天用双筒望远镜或一般望远镜观测"凌日"现象时，须知太阳的强光对我们的眼睛而言是一种潜在的危险。我们必须非常小心，千万不要让太

---

[1]　老年性黄斑变性，又称年龄相关性黄斑变性。
[2]　强化谷物（fortified cereals），指的是由添加了营养素的加工谷物制成的食品，其目的是使得谷类食品对食用者的健康更为有益。
[3]　俏皮语，暗指因踩到香蕉皮而跌倒产生眩晕，在视频动画中常用"头顶冒星星"表示眩晕。

阳光通过任何未经过滤的光学仪器直射入我们的眼睛，因为在没有保护的情况下，眼睛只要暴露在太阳光下一瞬间，视网膜就会遭受永久性的损害，这也许会导致一定程度的视力受损。

我作为一个因眼睛遭受太阳光直射而导致永久性视网膜损伤的患者，有自己的切身体会。曾经的我也是一个视觉敏锐的年轻观星者，用几个深色的塑料太阳镜镜片夹在一起，制造了一个自认为是太阳光过滤器的东西，粘在了目镜上。然后用我的右眼，很容易地找到了太阳，并将其置于视野的中心；然而，在几秒钟内，强烈的聚焦光就把无用的、不适当的滤光片烧了一个洞，并直射入我的眼睛，使我暂时失去了视力。唉，永久性的伤害已经造成了，没有办法。自从1976年夏天的那个愚蠢的实验之后，我右眼视野的正中心就出现了一块永久性的视觉扭曲。现在，我的右眼在视觉观察方面毫无用处——用右眼看金星，看起来像一枚爆炸的炮弹；用右眼看水星，看起来像一个畸形的闪光烟火。右眼中的景象不再美丽，也无法改善。

眼部解剖

我们的眼睛是球形器官，直径约为4厘米。眼睛前面有一层透明的膜，叫作（眼）角膜，它能够将光线聚焦，使之穿过一个充满透明液体的腔室，即（眼）房水，再穿过虹膜上的一个开口，叫作瞳孔，最后穿过后面的透明晶状体。透明晶状体会将光线聚焦到充满玻璃体液的腔室中，玻璃体液是一种透明的胶状物，它能使眼球具有刚性，最终，一个倒立的图像被投射到了眼球后部的视网膜上。视网膜上有数以百万计的感光细胞，称为"视杆"和"视锥"，它们会将光信号转化为电脉冲信号，而后视神经中的一百多万个神经细胞会将收到的电脉冲信号直接发送到大脑的图像处理中心。大脑会自动将图像向上翻转到正确的方向，并对图像进行处理。

视网膜的正中心是视锥细胞最集中的地方，被称为"中央凹"，它使我们可以在视野的中心看到高细节的彩色图像。视锥细胞有三种类型，分别对红光、黄绿光和蓝光敏感，但是在低光照度的情况下，视锥细胞不会被触发。像水星和金星这样的天体，都是足够明亮的，足以触发视锥细胞，并且可以形成精细的彩色视觉。但在低光照环境下——例如当我们试图观看昏暗的深空物体时——只有位于中央凹周围、远离视野中心的视杆细胞会受到刺激。

紫外线敏感度与金星的云层特征

许多视力极好的观察者发现他们很难看到金星圆盘上的任何细节，而其他视力不太敏锐的人却声称能够清楚地分辨出金星的云层特征。这是一个明显的悖论，几个世纪以来，人们倾向于怀疑那些能够轻易辨别出金星特征的人的观察结果，最终，这个悖论得到了解释——金星的云层特征在紫外光[①]下比在普通光下更为清楚。不同的观察者对紫外光的视觉敏感度不同，因为眼睛的晶状体会吸收这些波长的光，在它们到达视网膜之前就将它们过滤掉了，而不同的观察者的晶状体吸收紫外光的程度不一样，导致他们最终看到的图像有区别。虽然视网膜上三种类型的视锥细胞都对紫外光敏感，但敏感程度不一样，其中，蓝视锥细胞对紫

---

① 紫外光，频率介于可见光和 X 射线之间的电磁波。

外光最为敏感。为了避免蓝视锥细胞过载，我们可以在观测金星之前设置望远镜时，加装一副红色过滤遮阳板这样的配件，这被证明可能是有用的。具有讽刺意味的是，接受了白内障手术的话，实际上可以提高一个人感知金星云层细节的能力，因为该手术去掉了眼睛晶状体的紫外光过滤器。

眼角余光法

为了获得非常暗淡的物体的最佳视野，观察者可以利用一种被称为"眼角余光法"的技巧，通过看向物体的某一侧，来刺激视网膜内视杆细胞最集中的区域。当被观察的物体与视野中心呈约 15~20 度夹角且朝向人的鼻子方向时，眼角余光法的使用效果最佳。因此，使用右眼观察物体的望远镜观察者需要看向目标物的右侧，而左眼观察者则需要看向目标物的左侧，这样才能最大限度地发挥眼角余光法的观察效果。由于视杆细胞既不能像视锥细胞那样提供精细的图像，也不能区分不同的颜色，所以，大多数昏暗的深空物体在视觉上看起来都是灰色的阴影。

盲　区

在视神经进入视网膜的地方，由于缺乏感光细胞，导致我们的每只眼睛都存在一个盲区——左眼盲区位于左眼视野的左侧，而右眼盲区则位于右眼视野的右侧。尽管这并没有真正影响我们去观察水星和金星，但盲区确实真正存在，通过眼角余光法可以进行验证。下述实验证明了我们完全看不到盲区内的事物，第一次尝试这个实验的人通常会感到震惊。首先用你的左手遮住你的左眼，然后用你的右眼慢慢地扫描金星左边的区域，偏离金星几度远。最终，你会找到一个点，在这个点上金星完全消失在了你的视线中。盲区所覆盖的实际范围大约有 6 度宽，尽管在长时间观看一个小区域时，我们的眼睛会不自主地产生轻微的运动（见下文中的"眼跳"），但在盲区内，金星始终能够保持在我们的视线之外。

玻璃体浑浊①

当我们观看明亮的物体时，可以发现眼睛是否有玻璃体浑浊。玻璃体浑浊的表现形式可以是看到"微小的深色斑点""半透明的蜘蛛网"，或是各种形状和大小的云朵。它们实际上是漂浮在玻璃体中的死细胞的残余物投射到视网膜上的影子。每个人的眼睛都有一定程度的玻璃体浑浊，由于玻璃体浑浊会掩盖掉行星的特征，所以它是相当令人讨厌的。随着年龄的增长，玻璃体浑浊会变得越来越严重，但正常情况下大多数人都还能忍受。然而，如果玻璃体浑浊变得特别烦人或者是影响到了正常视力，那么，我们应该考虑进行激光眼科手术或是玻璃体切割手术来去除它。

眼 跳

每个观察行星的人都必须面对一种被称为"眼跳"的不自主的眼球运动。"眼跳"包括了眼球从一个点到另一个点快速的（速度为每秒 1000 度）、近乎瞬时的微小跳跃运动。在正常情况下，

---

① 玻璃体浑浊，又称飞蚊症。

"眼跳"是在观察者没有意识到的情况下发生的，我们的眼睛一般会不由自主地每秒移动 3 次。然而，对于大多数希望在望远镜目镜中仔细观察表面角直径①相对较小的物体（例如，目镜中水星或金星被照明的部分）的行星观测者来说，他们其实对于"眼跳"现象早已了然于心。"眼跳"现象使得我们不可能在很长的一段时间内将目光完全集中在行星表面的某一点上。尽管我们有意识地想做到全神贯注，但是眼睛还是会在短短的几秒钟内跳到与被观测的点接近的地方。由于行星表面通常包含微妙的、非显性的细节，而且这些细节不具备任何程度的运动或变化特征，因而无法实时吸引观察者的注意力，这就导致观察者的"眼跳"更加严重。

尽管看起来可能很烦人，但"眼跳"有许多重要的作用。它可以使被观察物体的图像集中在视网膜上视觉最敏感的部分，即"中央凹"处，帮助观察者建立一个关于被观察物体的心理图像；"眼跳"还可以使我们所感兴趣的区域迅速回到视野中心，这对于早期人类的生存来说是很重要的——在跟踪一个移动的物体（猎物）时，人类头部或眼睛有意识的小幅度运动可以在跟踪的同时不惊扰到猎物。令人难以置信的是，实验表明，如果没有"眼跳"，并且如果像水星或金星这样的天体能够在人的视野中心停留任意长的时间，那么，行星图像反而很快就会从我们的视野中消失，直到眼睛有了轻微的移动。

---

① 角直径是以角度做测量单位时，从一个特定的位置上观察一个物体所得到的"视直径"。

4.2 ┃ 单筒望远镜和双筒望远镜

对于观测水星和金星而言，使用普通的单筒望远镜和双筒望远镜是完全可以进行某些类型的低倍率观察的，例如，观察它们与月球的近距离接触、相合与掩蔽现象，以及与其他行星和恒星的近距离接触现象。当我们稳定地握住望远镜时，不论是一副普通的单筒望远镜，还是一副观剧小望远镜，或是一副双筒望远镜，都能从中观察到金星的"新月"相位。

单筒望远镜和双筒望远镜与一般望远镜相比，有许多优点。它们通常比一般望远镜便宜得多，且携带方便（即使有支架），视野广阔，比一般望远镜更坚固，能够在偶尔受到撞击后保持其光学准直度。

单筒望远镜通常是小型的手持式望远镜，其配有小的（通常是 20~30 毫米）消色差物镜，单筒望远镜通过屋脊棱镜①来提供低倍率的、正立的视图。我们可以毫不费力地将单筒望远镜放在衣袋里。单独使用肉眼定位水星和金星，或是观察内行星和其他天体的近距离接触，都是具有挑战性的，此时使用单筒望远镜是非常合适的。

观剧小望远镜（也被称为"伽利略双筒望远镜"）是最简单的双筒望远镜。基础型的伽利略双筒望远镜由小型双凸物镜和双凹目镜组成，可以形成一个正立的图像。观剧小望远镜的焦距很短，放大率低，视野窄。由于其光学结构简单，因此会产生伪色

---

① 屋脊棱镜，两个互相垂直的反射面称为"屋脊面"，而带有屋脊面的棱镜称为屋脊棱镜。

（称为色像差^①），当我们观察金星等明亮物体时，这种伪色会变得很明显。观剧小望远镜在不使用时通常可折叠成尺寸紧凑的形状，重量轻，可以放在衣袋或手提包中，易于携带。像单筒望远镜一样，观剧小望远镜可以放在口袋里这一优点很有用，因为人们可以迅速将其拿出来观察天空，扫视地平线，以便第一时间在黎明或黄昏的天空中看到刚刚浮现的水星或金星。

双筒望远镜

双筒望远镜的性能是由两个数字来确定的，这两个数字分别表示其放大率和物镜的大小——7×30 双筒望远镜的放大率为 7 倍，物镜直径为 30 毫米。中小型双筒望远镜（物镜直径为 25~50 毫米）通常能够提供 7 倍至 15 倍的放大率。这样的低倍率不能显示任何东西，只能在金星处于最大视角直径时（也就是在它处于其大部分被照亮的期间，并且是在傍晚金星快要消失时或早晨金星刚刚出现时）显示出金星的相位。然而对于水星，（即使我们挑选了最佳观测时间）它看起来也不过是一个明亮的粉红色小点，这是因为水星的视直径太小，无法通过普通的双筒望远镜分辨出它的相位。

双筒望远镜的真实视野（观察到的天空的实际面积）会随着放大倍数的增加而减小。以我个人的一款 7×50 双筒望远镜为例，它具有 7 倍的放大率和大约 7 度宽的真实视野，经常可以用它观察到水星和金星近距离接触月球、其他行星和恒星时的景象。我的另一款大一点儿的 15×70 双筒望远镜的真实视野为 4.4 度，

---

① 色像差，简称"色差"。

而我的 25×100 巨型双筒望远镜只能看到 3 度大小的天空。

我们会发现，对于任何超过 10 倍放大率的普通双筒望远镜而言，无论望远镜本身多么轻巧，都必须要有坚实的支撑，因为在更高的放大率下，观察者身体的轻微运动对观测产生的不利影响也会被放大。不过，20 世纪 90 年代初，图像稳定双筒望远镜横空出世，消除了用户身体的轻微晃动对观测的影响。乍一看，图像稳定双筒望远镜与相同孔径的普通双筒望远镜相似，而且可以像普通双筒望远镜一样使用，只是稍重一些。只要按一下按钮，图像稳定双筒望远镜就可以通过移动的光学元件（其中大多数需要电池驱动）为观察者提供清晰、无振动的视野。图像稳定双筒望远镜通常能够提供相当高的放大率（高达 18 倍），孔径一般为 30~50 毫米。

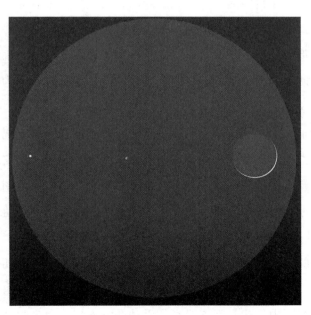

图 4.1　作者在 2007 年 5 月 17 日使用 15×70 双筒望远镜观察到的非常纤细的蛾眉月（刚出现一天）与水星近距离接触的景象。

变焦双筒望远镜

有些型号的双筒望远镜为一般的天文观测提供了看似颇有吸引力的变焦装置，这种拥有变焦装置的双筒望远镜可能会被一些人认为是非常理想的天文观测设备。典型的变焦双筒望远镜的放大率能够从 15 倍调节到 100 倍之高。从表面上看，这样的仪器是业余天文学家的理想选择。可以想象，水星和金星的相位，以及金星圆盘上的细节，在这种变焦双筒望远镜提供的较高放大率下都将很容易被观察到。但是，这种仪器也有其局限性。

当放大率设置得较低时，变焦双筒望远镜的视场通常就会变得非常小——也许会小到 40 度，这要远远小于一副放大率与之相当的普通双筒望远镜的视场。另外，实现变焦通常需要使用旋钮或杠杆改变目镜内镜片之间的距离，改变放大率后通常需要重新聚焦，因此望远镜的使用操作会变得复杂。

最重要的是，任何变焦双筒望远镜的左右光学系统都需要对准，以使我们的大脑能够将两个独立的高倍率图像合成为一个图像，而这正是大多数经济型变焦双筒望远镜的不足之处。

由于放大率高，所以双筒望远镜需要安装在一个支架上，这样可以方便地调整高度和方位角，节省精力。即使一副安装良好的双筒望远镜确实提供了良好的水星和金星的高倍率视图，地球的自转也会使它们看起来是以相当快的速度在视场中移动。例如，在 50 倍的放大率下，50 度的视场相当于 1 度的真实视场，这样，被观测的行星就将在大约两分钟内从视场的一个边缘移动到另一个边缘。这意味着，如果要使水星或金星在任何时间段内都处在我们的视野中，我们就需要经常手动调整支架。由于驱动式赤道双筒望远镜支架并不唾手可得，所以如果需要以高倍率观察水星和金星，我建议使用普通望远镜。

双筒望远镜的结构

双筒望远镜使用了多种光学配置——当你看到当今市场上各种形状和大小的双筒望远镜时，这一点就显而易见了。通常情况下，市场上的双筒望远镜都是"一分钱一分货"。如果你的双筒望远镜是从一个有信誉的光学仪器经销商那里购买的，那么其质量通常是相当好的。在有信誉的天文产品供应商处购物，可以获得更好的购前咨询和售后服务。

尽管高价格并不总能保证产品就是高端的，但在实际使用中，当将经济型双筒望远镜与高端双筒望远镜进行比较时，我们会发现两者光学系统的质量、所用的光学材料和双筒望远镜的构造可能会有很明显的差异。高端双筒望远镜在其物镜、内部棱镜和目镜镜片制造中都使用了最好的光学玻璃，并且按照严格的标准进行加工和排列。高端双筒望远镜的光学表面通常是多涂层的，用以尽量减少反射，内部有挡板用来阻挡杂散光和内部反射，从而提供更好的对比度。

大多数双筒望远镜都要使用玻璃棱镜在物镜和目镜之间折叠光路，从而产生正确的图像，这当然是日常地面观察所必需的。7×50 双筒望远镜是理想的通用型天文双筒望远镜。它不仅可以提供宽阔的视野，而且具有足够低的放大率，使观察者能够在短时间内仔细观察天空，而不需要使用双筒望远镜支架。7×50 双筒望远镜的出射瞳径为 7 毫米。出射瞳径是指景象从目镜出来将要射入眼睛时的圆形光圈直径，其大小可以通过"双筒望远镜的孔径除以其放大倍数"计算得出。由于人眼适应黑暗的平均尺寸为 7 毫米，因此，在深暗天空的天文观测中，出射瞳径的最佳尺寸也为 7 毫米。

双筒棱镜望远镜有两种基本类型——双筒普罗棱镜望远镜和双筒屋脊棱镜望远镜。直到几十年前，大多数双筒望远镜还都是普罗棱镜类型。在通常情况下，双筒普罗棱镜望远镜呈现为一个明显的"W"形，这是由棱镜的排列方式所决定的，它能够将光路从相距较远的物镜折叠到相距较近的目镜上。美式双筒普罗棱镜望远镜结构坚固，其棱镜安装在一个模制盒子内的架子上。德式双筒普罗棱镜望远镜的特点是将物镜外壳拧入了装有棱镜的主体结构中，这种模块化特性使其在受到撞击后更容易失准。

在过去十年中，出现了一种新的小型双筒望远镜类型，它采用了倒置的双筒普罗棱镜望远镜设计，外壳呈"U"形，其物镜间距可能比目镜间距更小。今天我们所生产的大多数小型双筒望远镜都是采用屋脊棱镜设计，由于其结构紧凑、重量轻，因此十分受欢迎。双筒屋脊棱镜望远镜通常呈现为一个独特的"H"形，看起来像两个并排放置的小型望远镜——一个不经意的观察者可能会认为这是一种没有任何中间棱镜的直通光学结构。双筒屋脊棱镜望远镜提供的对比度通常比双筒普罗棱镜望远镜低，这是由双筒屋脊棱镜望远镜折叠光路的方式所决定的。

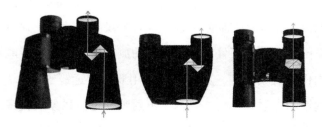

图 4.2　三种主要类型的双筒望远镜——普罗棱镜型（左）、倒置普罗棱镜型（中）和屋脊棱镜型（右）。

4.3 | 普通望远镜

除了为看到月球的细节，环绕木星运行的四颗伽利略卫星，以及土星环之外，人们购买人生第一台天文望远镜的主要原因之一是为了看到金星的相位。直接通过望远镜的目镜进行天文观测所带来的体验感是无可替代的。如果让你选择是在望远镜目镜前欣赏水星或金星，还是在舒适的家中观看 CCD 相机传来的实时图像，我敢打赌，大多数业余天文学家会选择在野外使用望远镜观看，好让他们的视网膜去直接感受来自内太阳系的光子的轰炸[①]。

选择合适的望远镜对于新手来说可能是一项艰巨的任务。一个对于低性能深空观测来说不错的望远镜，可能对于观测月球和行星来说并不是最好的。在天文学杂志和互联网上，各种类型的望远镜的广告五花八门，令人眼花缭乱。值得庆幸的是，如今这些望远镜（其中，从中国进口的望远镜占比越来越高）的光学质量和制造质量，对所有人来说都是可以接受的，除了那些对光学要求极为苛刻的天文观测者。

不要太过在意望远镜的孔径或物理尺寸，在购买任意一款望远镜时，最重要的是要注意检查其光学质量。我不建议从信誉良好的望远镜经销商以外的任何来源处购买新望远镜。应该避免购买耸人听闻的报纸广告中或是百货公司里的便宜货，他们这些销售方通常不会允许你在购买前检查仪器或是在试用后购买。检验

---

① 这是一种生动的说法，光线由光子组成，夜晚在望远镜目镜前欣赏内太阳系的水星或金星，于是视网膜所接收到的光线便都来自内太阳系。

零售商对其商品质量的信心和衡量其顾客友好程度的最终标准是，他们欢迎你对商品进行检查。在商店明亮的灯光下，任何重大的光学缺陷，或是仪器外部的凹痕和缺陷，都会很快暴露出来，通过观察测试我们可以发现一些光学问题。

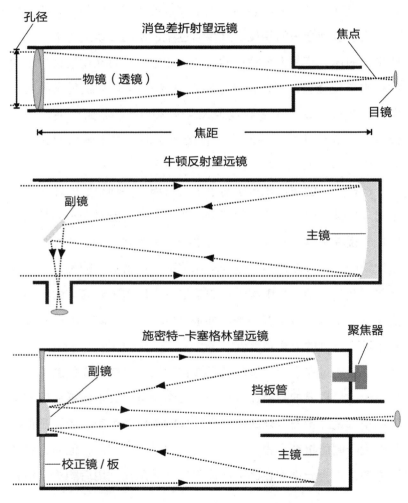

图 4.3　业余望远镜的三种主要类型——消色差折射望远镜（上）、牛顿反射望远镜（中）和施密特-卡塞格林望远镜（下）。

遗憾的是，那些在报纸上宣布将大量清除普通望远镜和双筒望远镜库存的广告，往往充满了夸张且夸张到离谱，他们声称其放大倍数极高，并能观测到宇宙中所有奇特景观的壮丽细节。这些广告试图用"科学"来蒙蔽不懂的新手，试图掩盖他们的望远镜的全部结构（甚至包括镜片）可能都是由塑料制成的事实。买来这样的"光学怪物"对于任何天文观测来说都是完全无用的，它们所提供的光学成像扭曲得可怕，甚至会致使新手丧失兴趣，完全放弃天文学。

任何专门销售和（或）制造光学仪器的信誉良好的公司，都会为客户提供迄今为止最好的交易，在价格、服务和建议方面都会做到最好。所有主要的天文设备零售商都会在天文学杂志上刊登广告，而且他们中的大多数都会制作产品目录，并以网页形式或印刷品形式提供给客户浏览。

折射望远镜

如果让你想象一个典型的业余天文学家的望远镜，那么大多数人的脑海中都会跳出一个折射望远镜的形象。折射望远镜由一个封闭的管子组成，一端是物镜，另一端是目镜。物镜负责收集和聚焦光线（光线会在望远镜中发生弯曲或折射，因此称为"折射望远镜"），目镜负责放大聚焦了的图像。望远镜的焦距是指物镜镜头和焦点之间的距离，通常以物镜直径的倍数表示，或是以毫米为单位进行表示。因此，一个 100 毫米的 f/10 物镜镜头，其对应焦距是 1000 毫米，而一个 150 毫米的 f/8 物镜镜头，其对应焦距是 1200 毫米。目镜其实也有一个焦距，但它只以毫米为单位进行表示。一个望远镜的目镜焦距越小，它的放大率就越高。任何特定的目镜/望远镜组合结构的放大率,都可以通过"望远镜的焦距除以目镜的焦距"计算。例如,一个焦距为 12 毫米的目镜用在焦距为 1500 毫米的望远镜上,其放大率就为 125 倍;同样的目镜用在焦距为 900 毫米的望远镜上,其放大率就为 75 倍。

伽利略望远镜是最简单的一种折射望远镜,它有一个物镜和一个目镜。伽利略望远镜的观测体验深受色差和球差的影响,色差是由于光线通过玻璃折射后分散成不同的颜色造成的,而球差是由于光线没有聚焦到一个焦点上造成的。通过伽利略望远镜观察一个像金星这样的明亮天体,会发现其似乎被色彩鲜艳的外缘所包围,整个图像看起来模糊不清。廉价的小型望远镜试图通过在望远镜镜筒内放置大的挡板来减轻像差的不利影响,防止光锥的外侧部分向下移动到目镜中。这种粗糙的伎俩只能让一个糟糕的图像看起来不那么糟糕,而且由于挡板的存在实际上减小了仪器的孔径,降低了望远镜的聚光能力以及分辨率。

优质的寻星镜虽小,我们也不应将其与伽利略望远镜相混淆。寻星镜是低性能的折射望远镜,须与其所连接的大型望远镜精确对准,以便观察者能够快速而准确地找到所要观察的明亮天体。当天体位于取景器十字准线的中心时,在主仪器中以较高的放大倍数也可以看到该物体。寻星镜配有消色差物镜(直径通常是 20~50 毫米)和可以调整焦距的固定目镜。直通式寻星镜提供的是一个倒置的视图,所以其不适合地面使用。

小型折射望远镜

一个望远镜只要制作精良,则无论是大是小,都能够为水星和金星的观察者们提供一个令人满意的视野。在能见度较差的情况下，即当大气闪烁严重、恒星剧烈闪烁时，试图通过大型仪器以高倍放大率进行观测可能收效甚微，因为此时的行星可能成像为一团晃动的胶状物。在能见度较差的夜晚，小型望远镜有时会提供一个比大型望远镜更清晰、更稳定的图像，因为小型望远镜不像大型望远镜那样容易受到大气湍流的影响。

小型望远镜还有一些其他优点。由于重量轻，所以它们很容易被携带，而且在观测地点周围都可以携带，从而可以避开当地能够遮蔽星空的障碍物，如树木和建筑物。一个小型的、相对便宜的望远镜可能被人们认为是消耗品，由于这个原因，观察者实际上可能更倾向于经常地使用小型望远镜，而不是一个"珍贵的"高端望远镜——毕竟，一个便宜的望远镜的外部结构或光学器件的意外损坏，并不像撞坏一个价格是其10倍的仪器那样令人心碎。

图 4.4　两个手持式小型望远镜对比图——一个是黄铜拉管式的 30 毫米折射望远镜，有 10 倍到 30 倍的可变放大率，另一个是 10×25 单筒望远镜。

最便宜的小型望远镜，包括那些手持式的、使用拉管来聚焦图像的旧式黄铜航海望远镜的复制品，通常都有一个固定的、可以提供恒定放大率的目镜。目镜固定的这类小型望远镜由于放大倍数可以有些变化，所以其结构会稍微复杂一些。偶尔观测水星和金星时，我会使用一个非常好的、物镜镜头直径为30毫米的望远镜，它的放大率可以在10倍到30倍之间进行调节（视场大小保持不变）。折叠起来时，望远镜长约140毫米，伸展开来时，可达340毫米。

一种可以更换目镜的望远镜更为通用，它的放大率可以在低倍率和高倍率之间切换。这种望远镜通常为使用者提供了两个或三个目镜，也许还会提供一个被称为"巴罗透镜"的可以提高放大率的目镜——这些目镜的镜筒通常是小型塑料制品，直径为0.965英寸[1]，镜片通常采用十分基础的光学设计。观察者使用这些目镜看到的图像质量可能会很差，且视场非常狭窄，只有30度，甚至更小。

目镜不应该被视为配件——因为其与物镜和反射镜一样，对望远镜的性能有着至关重要的影响。所以，如果一个小型望远镜的性能不如预期，不要直接把它塞进柜子里闲置——用一些从光学设备零售商那里购买的、质量更好的目镜来替换原先的目镜，望远镜的性能可能就会大大提高。目前使用最广泛的目镜的镜筒直径为1.25英寸，我们可以使用适配器或天顶镜（一个可以将图像翻转90度的镜子）将这类目镜安装到0.965英寸的目镜镜筒上。普洛目镜[2]可以提供一个大约50度的视场，这种目

---

[1] 1英寸约等于2.5厘米。

[2] 普洛目镜，由二组相同或略有不同的消色差胶合透镜组成，适用于高倍率目镜及投影目镜，一般配备在较高级的天文望远镜中。

镜的设计者为观察者们提供了高性价比的目镜版本。一个质量好的目镜，可以将一个小型的经济型望远镜变成一个在中低倍放大率下均表现良好的望远镜（关于目镜的更多信息，见下文）。

一种更好的玻璃镜片

高质量的天文折射望远镜都含有一个消色差物镜，它由两个不同类型的玻璃制成的特殊形状的透镜紧密地贴在一起所组成。这些透镜试图将所有不同波长的光折射到同一个焦点上。虽然消色差物镜并不能完全消除色差导致的假彩色，但是一般来说，在

图 4.5　杰西·格雷戈正在通过一个 60 毫米的折射望远镜（焦距为 800 毫米）和一个高质量的 16 毫米蔡斯①牌 0.965 英寸的天顶镜进行天文观测，该望远镜可以提供一个令人舒适的 50 倍放大率来观察金星的"凸月"相位。

---

① 蔡斯（Zeiss），德国光学设备制造公司 / 品牌。

较长焦距的折射镜中，色差的实际影响并不太明显。许多进口的经济型消色差折射望远镜的焦距不长，在 f/8 到 f/5 之间。尽管这些仪器确实显示了一定程度的色差，主要表现为观测金星等明亮天体时，天体周围出现了紫色的外缘，但它们毕竟还是为观察者提供了良好的分辨率和合理的对比度。

我们可以通过拧入目镜中的"负紫色对比度增强过滤器"装置，来降低经济型消色差折射望远镜的色差所产生的影响。另外，我们还可以通过使用连接在目镜上的经过特殊设计的透镜（例如，一个被称为"Chromacorr"品牌[①]的透镜）来实现色差影响最小化。这种经过特殊设计的透镜能够将所有波长的光重新聚焦到一个尽可能小的区域（接近一个点），如此一来，就有可能使经济型消色差折射望远镜性能接近高端消色差折射望远镜。

复消色差折射望远镜通过在其两片或三片物镜中使用特制的玻璃，能够使光线汇聚到精确的焦点上，为观察者提供几乎不受色差影响的图像。通过复消色差折射望远镜观看行星，几乎完全没有色差，而且对比度很高，可与通过优质长焦距牛顿反射望远镜（见下文）看到的那种景色相媲美。一般来说，对于同样大小孔径的望远镜而言，复消色差折射望远镜的价格是经济型消色差折射望远镜价格的 10 倍以上。

望远镜的维护

折射望远镜开箱就能使用，通常不需要什么维护。它们的物镜在出厂时就已对准，并密封在其单元模块中。如果折射望远镜

---

① Chromacorr，目镜品牌名，意为"色差校正"。

工作良好，就没有必要拧开物镜，把它从单元模块中取出来——尽管许多业余天文学家天生好奇，都想这样做，以便了解这东西是如何组装的。但我不建议这样做，因为重新组装后的部件，其性能很可能比之前的更差。同样的道理，我们也应该容忍存在于部件之间的些许灰尘，不要随意清除它。

随着时间的推移，镜头的外表面会积累相当多的灰尘和碎屑，在清洁时必须非常小心。许多镜片都有防反射涂层，如果镜片清洁不当，这层薄薄的涂层就会被破坏掉。不论是何种类型的镜头，都不要用抹布大力擦拭，因为任何污垢都可能划伤涂层或镜头本身。对付灰尘颗粒，应该使用柔软的光学毛刷或气枪小心地清除，残留的污垢可以用光学镜头擦拭布轻轻地清除，每片擦拭布仅可使用一次，且擦拭操作要一气呵成。镜头上的冷凝液应让其自然干燥，切勿擦除。

反射望远镜

从其名称就可以看出，反射望远镜是使用反射镜来收集和聚焦光线的。它们有一个特殊形状的主凹面镜，用来收集光线并将其反射到一个焦点上，这种聚焦光线的方式使得反射望远镜不像折射望远镜那样会受到色差的影响。但是，反射望远镜（尤其是短焦距的反射望远镜）很容易出现球差，即其所获得的图像的边缘会显得模糊和失焦。不过，这个问题可以通过使用经过精确计算调整了的抛物面反射镜来解决。

牛顿反射望远镜是一种最流行的反射望远镜。它有一个主凹面镜，安装在镜筒底部的可调节单元中；有一个较小的副平面镜，安装在靠近镜筒顶部的蜘蛛形支撑结构上，能够将光线弯折90

度，从而向侧面反射到目镜中。一个经过良好校准的长焦距（f/10或更长）牛顿式射望远镜能够为观察者提供极好的高倍率行星观测细节。

卡塞格林望远镜有一个带中心孔的主反射镜。主反射镜将光线反射到一个小的副凸面镜上，而后副凸面镜再将光线反射，通过主反射镜上的中心孔进入目镜。由于容易出现散光和场曲导致的光学畸变，大多数卡塞格林望远镜都是大型天文台才会配备的观测仪器，其焦距从 f/15 到 f/25 不等——非常适合在高倍率下进行行星观测研究。

反射望远镜的校准与维护

相较于折射望远镜，反射望远镜的使用者需要更加小心地对待仪器。突然敲击镜筒可能会导致主反射镜或副凸面镜在其单元模块中产生错位，从而导致图像质量变差，包括变暗、变模糊以及在焦点附近产生多个图像。即使我们从纸箱里拿出来的是一个全新的牛顿反射望远镜，也可能需要对其重新进行校准，以便尽可能精确地将各个光学部件对齐。

牛顿反射望远镜主反射镜的调校，一般是直接通过手动旋转镜筒底部的旋钮或翼形螺母来实现的，但副凸面镜的调校通常需要使用一把小螺丝刀或六角扳手。准直调整工作可能很费时间，对新手来说有点棘手，销售方应该为新望远镜的购买者提供充足的技术指导。无论如何，已经有许多互联网资源详细阐述了准直

---

① 场曲（field curvature）又称"像场弯曲"，当透镜存在场曲时，整个光束的交点不与理想像点重合，虽然在每个特定点都能得到清晰的像点，但整个像平面是一个曲面。

调整过程，所以新手其实也不必担心没有这方面的参考资料。有很多方法可以实现良好的准直，包括利用激光准直器和一种叫作"柴郡目镜"的装置。

大多数反射望远镜在使用时并不密封，许多反射望远镜的镜筒是敞开的，允许空气中的灰尘沉积在主反射镜表面。主反射镜上有一层薄薄的反光铝涂层，这种特殊的涂层可以将主反射镜的寿命延长两到三倍。观测结束，不使用望远镜的时候，最好先让镜片自然风干，然后保护好镜片，使其不暴露在空气中。然而，随着时间的推移，不论是何种镜片，其上都会积累一层灰尘和碎屑，当我们在晚上用手电筒照射查看时，主反射镜就会显得很脏，这难免让人感到不安。镜片上的碎屑会散射光线，随着镜片变得越来越脏，其工作性能就会变得越来越差，从而导致图像的对比度下降。

清洁镀铝主反射镜时，必须非常小心，因为如果让硬质的碎片刮损了薄薄的镀铝涂层，那么便会在镜片表面留下像溜冰鞋在冰面上留下的印记一样的划痕。对付松散的碎片，我们可以用吹风机或压缩空气罐将其吹走。镜片上剩余污垢可以用棉絮和专用的镜头清洁液或是镜头擦拭布进行清洁——清洁时必须非常轻柔地操作，每块镜头擦拭布只用一次，而且最好是在镜片从单元模块中取出后再进行清洁。

延长反射望远镜寿命的一个方法是在望远镜的孔口蒙上一片光学透明的薄膜，以密封镜筒的顶部（而牛顿反射望远镜的底部通常是开放的，允许空气自由流通以获得更好的图像质量）。这种透视材料，如巴德膜，通常是大片状的，我们可以对其进行切割，从而使其适用于中小尺寸的反射望远镜。为了获得最佳的图像质量，透明薄膜最好是均匀地绷紧在望远镜孔口，没有褶皱。当透明薄膜本身变脏时，我们再制作另一片透明薄膜进行替换就可以了。一个保护得好、保养得好的牛顿反射望远镜，可以持续使用10年以上，然后才需要重新对镜片进行镀铝。

折反射望远镜

折反射望远镜使用反射镜和透镜的组合来收集和聚焦光线。目前有两种常见形式的折反射望远镜——施密特－卡塞格林望远镜和马克苏托夫－卡塞格林望远镜。

在施密特－卡塞格林望远镜中，光线通过一片平板玻璃进入望远镜镜筒顶部，这片玻璃的中心装有一个大的副镜。实际上，这片玻璃是一个重要的光学元件，称为校正镜。它的形状特殊，可以将光线折射到内部的主反射镜上（通常焦距为 f/8）。然后，主反射镜将光线反射到镜筒中的副凸面镜上，接着，副凸面镜又将光线反射，并通过主反射镜上的中心孔进入目镜。

施密特－卡塞格林望远镜的副镜相对较大，会产生一定程度的衍射，或者说会导致光斑的"模糊"，从而可能会轻微地影响到图像的对比度。一个光学性能良好、准直良好的施密特－卡塞格林望远镜，能为观察者提供极佳的行星视图。此外，得益于其特殊的结构设计，我们可以将许多有用的附件连接到望远镜的"视觉背面"（属于望远镜的一部分，目镜通常安装在此）——对行星成像和观察者有用的附件包括滤镜轮、单反相机、数码相机、摄像机、网络摄像机以及 CCD 相机。

马克苏托夫－卡塞格林望远镜有一个球形主镜和一个位于镜筒前面的弧形球面透镜（即"弯月校正镜"）。马克苏托夫－卡塞格林望远镜的副镜实际上是在弯月校正镜内表面上直接镀铝而形成的一块反射区域。光线通过弯月校正镜进入镜筒，折射到主反射镜上，并通过副镜反射，穿过主反射镜上的中心孔，最终进入目镜。

　　尽管在表面上，马克苏托夫－卡塞格林望远镜与施密特－卡塞格林望远镜相似，但是就月球和行星观测的性能表现而言，马克苏托夫－卡塞格林望远镜往往要比施密特－卡塞格林望远镜好得多。由于马克苏托夫－卡塞格林望远镜的焦距长而且很好地修正了球面像差，所以它能为观察者提供高分辨率和高对比度的视图。

图 4.6　本书作者和他的 200 毫米的施密特－卡塞格林望远镜和 127 毫米的马克苏托夫－卡塞格林望远镜。

4.4 望远镜分辨率

在视野很好的夜晚，孔径为 D（单位为毫米）的望远镜的分辨率 R（单位为角秒），可以用公式 R = 115/D 来计算。

在观测水星和金星时，要注意水星的最小视角大小是 4.8 角秒，而金星的最小视角大小是 10 角秒。水星最大时，其视直径可以达到 10 角秒，而金星最大时，其视直径可以超过 1 角分。大距①时，水星的平均视直径是 7.5 角秒，而金星的平均视直径是 25 角秒。

表 4.1

孔径 （毫米）	分辨率 （角秒）	建议的最大放大率
30	3.8	60
40	2.9	80
50	2.3	100
60	1.9	120
80	1.4	160
100	1.2	200
150	0.8	300
200	0.6	400
250	0.5	500
300	0.4	600

---

① 内行星或卫星距角达到极大时的位置。

4.5 目　镜

　　如果望远镜的目镜质量差，那么，即使其透镜或是主反射镜很完美，也不能够发挥出最佳性能。一个目镜的放大率，可以通过"望远镜的焦距除以目镜的焦距"来计算。一个 20 毫米的目镜用在一个焦距为 1500 毫米的望远镜上，其放大率就为 75 倍（1500/20=75）。同样的目镜，用在焦距为 800 毫米的望远镜上，其放大率就为 40 倍（800/20=40）。

　　对于行星观测而言，建议至少配备三个高质量的目镜，以提供低、中、高倍的放大率。当水星或金星与月球、其他行星或恒星近距离接触（角距最小[①]）时，使用低倍率的目镜跟踪水星或金星是非常适合的。倘若使用 1000 毫米焦距的望远镜和一个 50° 视场的 20 毫米目镜进行天文观测，那么，实际可观测到的视场约 1°，放大率为 50 倍。一般来说，一款高性能的目镜应该可以提供两倍于望远镜口径（以毫米为单位）的放大率——例如，100 毫米折射望远镜的高性能目镜应提供 200 倍的放大率。只有在视野条件允许的情况下，才能对水星或金星进行高倍率观察。

　　良视距[②]是指眼睛可以舒适地看到整个视场时，眼睛距离目镜的最大距离。它可以通过如下方式进行测量：将目镜举到灯光下，调整眼睛距离目镜的距离，确定你的眼睛离前透镜最远有多远还能看到整个圆形视场的轮廓。戴眼镜的人发现，当一款目镜

---

①　角距最小（appulse）时，也称"犯"，例如金星与月球角距最小时，称"金星犯月"。

②　良视距（Eye relief），也译作"适眼距"。

的良视距不小于 15 毫米时，他们可以在佩戴眼镜的同时舒适地进行观测，因此，他们所需的目镜良视距应该大于 15 毫米，这样，可以避免为了让眼球靠近目镜而摘下眼镜。有些目镜的良视距要优于其他目镜，通常，短焦距目镜的良视距较小。不过，戴眼镜的人也可以设法绕过良视距方面的限制，使用巴罗透镜并与具有较长良视距的长焦距目镜相结合，从而获得高放大率的视图。

目前生产的天文望远镜目镜有三种大小的孔径——0.965 英寸、1.25 英寸和 2 英寸。许多经济型小望远镜都配有小的 0.965 英寸目镜，它们通常是由塑料制成的，光学设计非常简单，质量也很差。现在很难找到质量好的 0.965 英寸目镜，所以，天文观测者最好升级到使用 1.25 英寸的目镜，这也是目前市场上最常见尺寸的目镜。大多数望远镜调焦器都是为适用 1.25 英寸的目镜而制造的，不过其中许多也可以适用 2 英寸的筒状目镜。2 英寸的筒状目镜是一种拥有超大透镜的巨型目镜。它们通常适用于非常宽视场、长焦距的光学系统，是宽视场、低中等放大倍率天文观测的理想选择。

经济型望远镜通常配备有惠更斯目镜、拉姆斯登目镜或凯尔纳目镜，这类目镜的视场都非常有限——就其使用体验而言，与其说是感觉像在"太空漫步"，不如说是感觉像在"深海潜水"[1]！这三种目镜均不适合用于高倍率行星观测。

惠更斯目镜设计非常古老，它由两个平凸透镜组成，透镜凸面都面向入射光线，而焦面则位于两个透镜之间。惠更斯目镜对光线矫正不足（来自透镜外侧区域的光线相比于来自中央部分的光线，聚焦后形成的焦距更短），但是，每个透镜的像差都相互

---

[1] 诙谐的说法，意即使用惠更斯目镜、拉姆斯登目镜或凯尔纳目镜获得的视野很小，天文观测体验感差。

抵消了。惠更斯目镜的视场非常小，只有 30 度（甚至更小），它只适用于 f/10 或更大焦距的望远镜。另外，惠更斯目镜的良视距也比较短。

拉姆斯登目镜设计也非常古老，它和惠更斯目镜一样，是由两个平凸透镜组成，但不同于惠更斯目镜，拉姆斯登目镜的两个透镜的凸面是相对的（有时为了实现更好的光线矫正，两个透镜可能被粘在了一起），拉姆斯登目镜的焦面位于场透镜（最先接收到光线的透镜）的前面。拉姆斯登目镜的视场比惠更斯目镜的视场更平坦且稍大些，但是前者容易产生较大程度的色差，在短焦距望远镜上的应用表现不佳，而且良视距也比较短。

凯尔纳目镜是前述三种基本目镜类型中出现得最晚的。它的眼透镜（观测时，最接近眼睛的透镜）与拉姆斯登目镜结构类似，由消色差双合透镜组成。凯尔纳目镜能够提供比惠更斯目镜和拉姆斯登目镜更高对比度的视图，其视场约为 40 度，但是，在用凯尔纳目镜观测金星等明亮物体时，总是会出现令人头疼的内部重影现象。与拉姆斯登目镜一样，凯尔纳目镜的焦面也正好位于场透镜的前面，因此，任何碰巧落在场透镜上的微小灰尘颗粒，都会在任意明亮的视场上成像为黑暗的斑点。焦距超过 15 毫米的凯尔纳目镜的性能表现最好，而焦距较短的凯尔纳目镜在成像时，视场边缘会有模糊，并伴有色差。此外，凯尔纳目镜的良视距比较长。

单心目镜有一个半月形透镜，该透镜粘接在一个双凸透镜的两侧。尽管单心目镜的视场很窄，只有大约 30 度，但是它能提供极清晰、无色差、高对比度的行星图像，完全没有重影，而且，单心目镜可以适用于短焦距望远镜。

无畸变目镜由四个部分组成——一个消色差双合透镜和三

个胶合在一起的场透镜。它能产生一个平坦的、无像差的视场，并可提供非常好的高对比度行星视图。目前市场上无畸变目镜的视场大小各异，从大约 30 度到 50 度不等，无畸变目镜的良视距比较长。

埃尔弗目镜[①]拥有多个透镜（通常有两个消色差双合透镜和一个单透镜，或是有三个消色差双合透镜），可提供 70 度的宽视场，且具有良好的色彩校正能力。当与长焦距（焦距不小于 25 毫米）望远镜一起使用时，埃尔弗目镜的性能可发挥到最好。然而，使用埃尔弗目镜进行天文观测往往会导致视场边缘的清晰度受到影响，而且在观看明亮物体时，由于埃尔弗目镜的透镜多，因此会产生内部反射和令人讨厌的重影。

当下最流行的目镜是普洛目镜，它拥有四个组成部分，具有良好的色彩校正能力，能够产生一个大约 50 度的从中心到边缘均平坦且清晰的视场。普洛目镜可以适用于焦距非常短的望远镜。长焦距的标配版普洛目镜的良视距比较长。短焦距的标配版普洛目镜的良视距比较短，所以倘若用其进行高倍率行星观测，使用起来可能有些不方便，不过，可以改用良视距比较长的普洛目镜。

现代人对优质宽视场目镜的需求导致了目镜设计的不断发展，产生了诸如米德超广角目镜、星特朗公理系列目镜、威信镧系超宽视场目镜，以及美国 Tele Vue 公司的弧度系列、全景光学系列和纳格勒系列目镜等多种类型的目镜。这些目镜产品都能提供出色的图像校正，具有非常大的视场，而且良视距都比较长。由于纳格勒系列目镜能提供 80 度以上的视场，所以其性能实属令人惊叹。与所有高质量的超宽视场目镜一样，纳格勒系列目镜

---

① 埃尔弗目镜（Erfle eyepieces），也译作"爱勒弗目镜"或"埃弗利目镜"。

的零售价格也很高。一套四个纳格勒系列目镜的价格可能比一个全新的 200 毫米施密特-卡塞格林望远镜还要贵。一些老式的长焦距纳格勒系列目镜非常大，而且很重，更换完目镜后，需要重新平衡望远镜。

变焦目镜无需更换不同焦距的目镜就可改变放大率。包括美国 Tele Vue 在内的许多知名公司都出售高级变焦目镜。虽然变焦目镜已经存在很多年了，但是，它们还没有在严肃认真的业余天文学家群体中得到广泛使用，这也许是因为他们认为变焦目镜与许多经济型双筒望远镜和普通望远镜一样，不过是一种新奇的玩意罢了。（但在我看来）质量好的变焦目镜绝不是一种新奇的玩意。变焦目镜的工作原理是通过调整一些透镜之间的距离来实现一系列变化范围的焦距。对于一款流行的 8~24 毫米焦距的高级变焦目镜，当我们将其焦距设置到最长，即 24 毫米时，它的视场会很窄，但随着我们将其焦距调小，视场会扩大，在焦距为 8 毫米时，视场达到最大，为 60 度。一个好的变焦目镜可以取代许多个普通目镜，而且成本相对很低。

4.6 双目观察器

相较于用一只眼睛观测星空，用两只眼睛有明显的优势。使用双眼观测会更舒适，而且看到的视场也更美观。用两只眼睛观测时，二维图像会呈现出近乎三维的外观效果，而且人们发现，双眼观测时常常可以辨别出更多的细节。

双目观察器将来自望远镜物镜的光束分成两部分，反射到两个相同的目镜中。大多数双目观察器都需要一个较长的光路，它们只适用于那些能够安装聚焦器的望远镜，以使主焦点能够穿过双目观察器内的复杂光学系统。折射望远镜和折反射望远镜适合与双目观察器搭配在一起使用。但是，双目观察器可能无法通过标准的牛顿反射望远镜来实现调焦。双目观察器在设计时就注定了必须与两个相同焦距、相同品牌的目镜一起使用。建议搭配使用 25 毫米或更短焦距的目镜，因为当使用长焦距的目镜时，视场边缘的渐晕现象会变得很明显。此外，如果搭配使用的是两个高级变焦目镜，那么还可以省去更换目镜以改变放大率的操作，更加方便。

4.7 视野范围

　　由于处在地球表面，我们实际上是隔了一层厚厚的大气层来观察太空，地球上 99% 的大气所在大气层仅 31 千米深。大部分的观测问题都来源于地球大气层底部 15 千米的区域。

　　云是天文观测最明显的障碍，但即使是完全无云的天空，对使用望远镜进行天文观测来说，也并没有什么用处。大气层中充满了不同大小（2~20 厘米）和密度的气室，当光线穿过每个气室时，其折射的程度也略有不同。当气室剧烈混合时，会产生最差的观察效果，使得来自天体的光线看起来是在四处跳动。我们观察到的湍流程度也会随着观测仪器在地平线以上高度的变化而变化——放置在低处的望远镜比放置在高处的望远镜所看到的空气层要厚得多。观测者所处的环境对望远镜成像的好坏也起着重要作用。一个被带到野外进行天文观测的望远镜需要一些时间来降温。不要在烟囱、房屋和工厂附近进行天文观测，因为烟囱、房屋和工厂屋顶都会释放出热量，产生暖空气柱，与夜晚的冷空气混合，从而使图像发生变形。

　　在世界级的天文台所在地，当夜晚条件极好时，我们可以看到 0.5 角秒大小的天体，而当夜晚条件非常糟糕时，便只能分辨出 10 角秒大小的天体了。在视野不佳的夜晚，观察行星时，除非使用最低放大倍率的配置，否则没有什么可看的，因为地球大气层中的湍流会使得行星图像出现滚动和闪烁，此时我们无法辨别任何精细的细节。对于我们大多数人来说，由于视野条件的限制，无论使用何种尺寸的望远镜，都很少能够分辨出优于 1 角秒的行星细节。很多时候，我们普通人用 150 毫米的望远镜和 300 毫米的望远镜观看行星，看到的细节都一样多，尽管后者的集光面积是前者的四倍。只有在视野真正好的夜晚，我们才能体验到大型望远镜的高分辨率所带来的好处。不幸的是，对大多数业余天文学家来说，这样好的视野条件太少见了。

4.8 ┃ 望远镜支架

　　望远镜要连接到一个坚固的支架上，这一点很重要，而且连接到支架后望远镜要能够方便移动，以便在地球自转时始终将行星留在目镜中。最简单的支架形式是一个大球，将望远镜插入大球中，大球可以带动望远镜在托架中自由平稳地旋转。一些小的经济型反射望远镜就是以这种方式安装的，使用起来非常有趣，尽管只能手动操作。

地平仪支架

　　地平仪支架使望远镜可以上下（在高度上）移动和左右（在方位上）移动。小型无驱动台式地平仪支架通常与小型折射望远镜一起售卖，但其结构质量可能很差。地平仪支架的大多数问题都是由高度轴和方位轴上的轴承缺陷导致的——这些轴承可能太小，而且可能难以提供合适的摩擦力。轴承也不能过紧，否则将导致需要用太多的力来克服摩擦，无法实现平稳的跟踪。好的地平仪支架配有慢动作控制旋钮，可以在不推动望远镜镜管的情况下缓慢移动望远镜。如果支架本身很轻而且不稳定，那么它很容易被微风吹动，从而导致它无法在野外使用——此时最好将望远镜安装在一个高质量的相机三脚架上。

　　多布森仪[1]是一种地平仪支架，它几乎是专门用来支撑短焦

---

[1]　多布森仪（Dobsonian），也译作"杜布森仪"或"杜普森仪"。

距牛顿反射望远镜的。多布森仪自从几十年前被发明以来，现在已经变得非常流行，因为其构造简单、使用方便。多布森仪由一个带有方位轴承的接地盒子和另一个装着望远镜镜管的盒子组成。调节高度的轴承位于望远镜镜管的平衡中心，它可以整齐地滑入接地盒子的凹槽中。低摩擦材料，如聚乙烯、聚四氟乙烯、福米加[①]和乌木星，被加工在承重表面，使得最大的多布森仪都可以在指尖的触摸推动下移动。轻质结构材料，如中密度纤维板和胶合板，使得多布森仪既坚固又便于携带，商业化生产的多布森仪可以支撑 100 毫米到 500 毫米的牛顿反射望远镜。

使用安装在无驱动的地平仪支架或多布森仪支架上的望远镜观测行星，想要在放大倍数高达 50 倍的情况下将一颗行星保持在视场内，并不是一件很困难的事情。不过，放大倍数越高，被观察的行星在视场中移动的速度就越快，我们需要更加频繁地进行小幅调整以保持行星在视场的中心位置。如果观测者想在使用无驱动望远镜进行观测的同时画一张观测草图，那么观测时所能设置的放大率极限是 100 倍——设置更高放大率的话，仪器就需要在每次绘图后进行调整——这是一个烦琐的过程，会使绘图的时间翻倍。放大倍数为 100 倍时，一颗行星从视场中心移动到边缘需要大约 30 秒的时间。使用无驱动望远镜进行高倍率观测，须有一个坚固的支架，这样在推动望远镜时才不会产生过度摇晃；还须配备光滑的轴承，对轻触反应灵敏，并且反冲力很小——只有顶级的地平仪支架和多布森仪支架才具备这一特点。

---

① 福米加（Formica），一种抗热硬塑料、低摩擦材料。

赤道仪支架

开展严谨的行星观测，需要将望远镜安装在一个坚固的平台上，该平台的一个轴线应与地球的自转轴线平行，另一个轴线则应与之成直角。使用一个无驱动赤道仪观测行星，只需偶尔触摸一下镜筒或转动慢动作控制旋钮来改变一个轴的指向，就可以保持行星位于视场的中心——这远比操纵一个安装在地平仪支架上的望远镜要容易得多，因为在那种情况下需要同时调整两个轴来保持天体位于视场中心。一个正确对齐、平衡良好的驱动赤道仪，可以让观测者有更多的时间去享受观测，而不用担心被观测天体会很快漂移出视场。时钟驱动赤道仪以"恒星日"速率运行，使得位于视场中心的天体能够长时间地保持在那里，保持的实际时长取决于赤道仪极轴的对准程度、驱动速率的准确性以及天体的视运动。

安装在铝制三脚架上的德式赤道仪支架，最常用于大中型的折射望远镜和反射望远镜。安装在德式赤道仪上的望远镜能够通过旋转对准天空的任何地方，包括天极。施密特－卡塞格林望远镜通常被固定在一个笨重的叉式赤道仪支架上。望远镜主体被吊在叉式赤道仪支架的两臂之间，底座则倾斜地指向天极。当望远镜的视觉背面连接了一个特别大的附件，例如 CCD 相机时，我们可能无法观察到天极周围的一小片区域，因为此时望远镜可能无法在叉式赤道仪支架和底座之间实现完全自由的摆动。不过这对观察水星或金星的人来说不是问题，因为这两颗行星在夜空中的位置从未接近过天极。

许多业余天文爱好者选择将他们的望远镜及其支架放在棚子里，每当遇到晴朗的夜晚，就将二者组装起来观测星空；组装过程需要一些时间，而且通常需要分几个阶段进行。支架的极轴必须至少与北天极大致对齐，才能实现精确跟踪。三脚架放置在倾斜的地面上很难调整，在黑暗中绕着仪器走动时，腿部容易触碰到三脚架造成跟踪观测失败。另外，观察者坐着观测时总是会不时地敲击三脚架，使得图像产生振动。为了省掉每次观测时设置和校准极轴这种耗时的烦琐工作，一些业余天文爱好者建造了一个永久性的混凝土墩子，在混凝土墩子上固定和校准他们的德式赤道仪支架，或是固定他们的施密特－卡塞格林望远镜及其支架，都比较方便、快速且安全。

机控支架

计算机技术正在以多种方式对业余天文观测进行革新，其中最明显的迹象是通过计算机控制的望远镜越来越多。这些机控望远镜种类繁多——小型折射望远镜被安装在了计算机驱动的地平仪支架上，大型施密特－卡塞格林望远镜被安装在了计算机控制的叉式支架和德式赤道仪支架上。一些标准的无驱动赤道仪支架可以升级，变成标准的时钟驱动或计算机驱动的赤道仪支架。只要输入观测地点和准确时间等信息，人们就可以通过按下键盘上的几个按钮使机控望远镜自动旋转，对准地平线以上的任意天体所在的位置。

较小的机控望远镜的支架往往不够坚固，无法在保证指向良好和跟踪精度高的同时，支撑起比望远镜本身重很多的重量。虽然对于视觉行星观测来说，使用较小的机控望远镜还是可以接受的，但其可能无法承受增加一个沉重的附件，如数码相机或双目观察器。而较大的机控望远镜，例如，由米德公司和星特朗公司生产的施密特－卡塞格林机控望远镜，其结构则很坚固，足以承受增加沉重的附件。

机控望远镜能够自动旋转，对准水星或金星所在的位置，并在观察者按下某个按钮后，开始精准地跟踪行星，有关这些行星的基本信息还可以显示在键盘所连接的显示屏上。使用机控望远镜，让我们在白天也能够相对轻松地定位水星和金星，这是一个很大的好处，因为其他的定位方法——低倍率扫描和使用设置圆圈——在白天都被证明是困难且耗时的，尽管仪器极轴已经十分准确地对准了北天极。此外，除非是最好的天文望远镜支架，否则其他所有的天文望远镜支架上的设置转轮通常都不够精准，无法胜任在白天定位天体的任务；就望远镜制造商所有可能的意图和目的而言，在经济型天文望远镜支架上安放设置圆圈转轮，可能仅是用作装饰，而并不是为了实用。

第五章

记录水星和金星

5.1 观测技术

在相同的条件下，使用传统的摄影技术在望远镜目镜下从来都不能拍摄到像手绘图那样多的水星和金星的细节。在20世纪最后十年，CCD相机成为业余天文学家手中的强大工具之前，人们记录水星表面的微妙阴影和金星上的云层纹路及其他天文现象的唯一手段，是在望远镜目镜下手绘观测图像。

尽管人们都知道对于水星的观测标记研究还不足，金星的云层图样常常以令人惊讶的方式在不断变化着，但很少有专业的天文台将它们的大型望远镜对准这两颗行星（去丰富水星观测标记研究或是去揭示金星云层图样的变化规律）——除了可能是为了给游客和学生留下深刻印象，或是为了测试新设备。当然，许多业余天文学家也从不考虑对内行星进行系统研究，只是偶尔选择观测水星和金星，且其目的是尝试一下艰巨的观测挑战或是为了获得视觉享受。

几十年来，水星和金星的成像以及观测绘图工作完全是由业余天文学家们来完成的。令人高兴的是，观测者们对这两颗行星产生了极大的兴趣，而且事实上，业余天文爱好者有能力发现（并记录下）金星的瞬时大气现象（从而有助于增进人们对于金星云层的研究）。

在黄昏后或黎明前的暮色中，我们虽然能够很容易地在望远镜的视场中定位和对准水星，但却很难对其进行观测。其原因除了这颗行星在黎明或黄昏时高度较低，视直径较小，离太阳很近（水星大距时，离太阳的角距从未超过28度）之外，还包括水星每次大距时只有几周的狭窄观测窗口。可以说，很少有业余天文学家能够真正地看清楚水星，大多数观测者都只能看到它是一个微小的、闪闪发光的、没有特征的物体——虽然很好看，但是很难真正地去欣赏。

由于各种原因，金星是一个有些被忽视的行星，在一些粗心草率的望远镜观测者看来，金星虽然漂亮但相当无趣。每次大距时，金星会出现在早晨或傍晚的天空中，持续很多个月，在黄昏天色之外的黑暗天空背景下，它显得很明亮。然而，正是由于在每年的很长一段时间内都可以观测到金星，而且它总是那么的明亮，许多业余天文学家才不愿意定期用望远镜观察它——这是一种熟悉感滋生的自满情绪（他们以为随时都可以观测，不必急于一时），而不是蔑视。事实上，金星十分明亮，通过望远镜的目镜去观测金星会觉得十分耀眼——许多观察者发现在低倍率下很难分辨出这颗行星的相位（尤其是在金星视直径较小时），它的云层特征也不能被许多粗心草率的观察者轻易地分辨出来。金星的云层特征在紫外线波长下很容易被看到，而有些人恰好比其他人对紫外线更敏感，因此他们更容易观测到金星的云层特征。那些缺乏视觉紫外线敏感度的人，则曾经对金星云层特征的观测结果表示怀疑。

观测者的手绘图

水星和金星的观测成像与太阳系天文学的许多其他分支（例如月球、木星和土星的细节成像）有所不同，有能力的视觉观测者仍然可以手绘出与最佳 CCD 成像一样多的观测结果。视觉观测者可以最大限度地利用能见度条件，在能见度条件改善的时候，绘出更精细的行星图像细节。

　　手绘观测图的观察者应该尝试尽可能准确无误地描绘出水星和金星上的可见特征。这些图画不需要成为伟大的艺术杰作，我们也不能因为某个观察者的手绘图看起来更漂亮，就认为它比另一个观察者的手绘图更有价值。手绘观测图的目的是要通过目镜观察到行星的精确细节，并尽最大努力将其记录下来。一幅完成了的手绘图，体现的是你努力观测的成果，也是你尝试进行行星观测的一份永久记录。因此，不要把它们扔掉——把你所有的观察结果放在一个文件夹里，随着时间的推移，你可能会惊喜地发现，你的行星描绘技巧渐渐有了很大的提高。

勾勒行星图像的空白纸张

　　缺少准备往往会导致令人失望的结果。我们经常可以看到，一些想成为行星观测者的人，在目镜前摸索——一手拿铅笔，一手拿画板，嘴里叼着手电筒——试图徒手或是在目镜筒的边缘画出行星的轮廓。在过去，我自己也这样做过很多次。不用说，我们观测行星时所做的这些特殊尝试，都是在别人不在场的情况下进行的。

　　因此，在观测水星或金星之前，应该准备一个圆形轮廓的空白纸张——建议使用直径为 50 毫米的圆形空白纸张。如果除了铅笔素描之外，还要进行强度估算（见下文），那么，应该在同一张空白纸上并排画出两个同等大小的圆圈，这样可以尽量减少在两张纸上描绘出相同的细节，而且可以避免素描和强度估算分开进行时容易出现的混乱。此外，我们也可以从各种互联网资源中直接下载和打印用于勾勒行星图像的空白纸张和观测表格：

大众天文学学会（SPA）官网有关行星的部分：
http://www.popastro.com/sections/planet/forms.htm

月球和行星观测者协会（ALPO）官网有关水星的部分：http://www.lpl.arizona.edu/~rhill/alpo/mercstuff/mercfrm.jpg

月球和行星观测者协会（ALPO）官网有关金星的部分：http://www.lpl.arizona.edu/~rhill/alpo/venustuff/venus1.pdf

英国天文协会（BAA）官网有关水星和金星的部分：http://www.take27.co.uk/BAA_MV/BAA_MVS.html（观测表格可以在对应目录中下载）

我使用单色激光打印机和 100 克 / 平方米[①]的白纸打印观测报告表格，因为如果采用普通的喷墨打印，有可能会出现一个令人讨厌的情况——纸张一旦受潮就会出现污迹。现在，为了提高水星或金星观测手绘图的准确性，观测者们常常在观测之前就在轮廓空白处提前描绘出预测的相位，这是完全可以接受的。我们可以根据发表在《天文学年鉴》上的表格数据来计算预测相位，然后手工绘制出来，或者任选一个天文软件程序，利用其提供的预测结果来精确绘制相位。预测的金星相位并不总是与观察到的金星相位相吻合，如果预先打印的金星轮廓线填充的是黑色，且相位已经被校正，那么，我们就不可能根据自己所观察到的实际结果来改变相位，也不可能在已打印出的预测图样上描绘出所观察到的各种金星现象，如灰暗的光线、尖端特征的延伸以及在边

① 克 / 平方米（gram per square meter），缩写即 "gsm"，是用来描述纸张标准的国际单位。

缘和终止线处的突起特征。此外，使用黑色轮廓的预测图样也会妨碍强度的估计，因为强度估计必须在手绘图本身上体现出来，而不是通过指向手绘图上的某些特征线条来表示。我的个人偏好是，使用一个简单的圆形轮廓空白纸张，用预先画好的曲线作为绘图终点，这样既可用于素描也可用于强度估计，使大多数观测信息能够以尽可能准确且不混乱的方式被描绘出来。

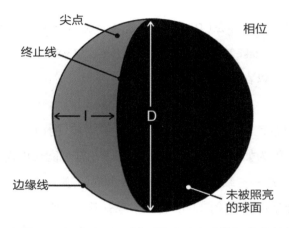

图 5.1　一张显示了"新月"相位主要特征的手绘图

铅笔素描的技巧

建议使用一套软铅铅笔，硬度范围从 HB 到 5B。最突出的行星特征轮廓最初应该用软铅铅笔轻轻地画出，这样后面如果有需要的话，可以非常方便地对其进行擦除和修改。最好不要绘制出行星周围的黑暗天空。虽然你不太可能在行星上看到任何完全黑暗的特征，但是对于任何观察到的不寻常的黑暗区域，在使用软铅铅笔将其在纸上画出时，使用的力度都应该尽可能最小，而不是十分用力地画出一层单调的黑色。软铅铅笔的晕染效果非常好，沿着终止线或云层特征的边缘进行晕染，可以产生平滑的混合效果。

将每次观测手绘图的时间设定为半小时是比较合理的。保持耐心非常重要——即使地球云层暂时遮挡住了观测行星的视线，或者你的手指冻得发麻，都要耐心绘制下去——因为匆忙绘制的草图必然不那么准确。

如果你匆忙地安装好望远镜并直接开始观测，就不要指望能看到水星或金星上的很多细节了。如果你把你的望远镜从温暖的室内带到较冷的室外，请先让你的望远镜冷却一段时间以适应新的观测环境。这一点对于像施密特－卡塞格林望远镜和马克苏托夫－卡塞格林望远镜这样密封的管状仪器来说尤其重要，否则，你会因为湍流作用的影响而得到一个糟糕的图像，这样的观测会徒劳无获。我在使用自己的 200 毫米施密特－卡塞格林望远镜和 127 毫米马克苏托夫－卡塞格林望远镜开展严肃认真的天文观测之前，会先将仪器放置在室外的后院一个小时左右（以使其充分冷却）——如果是要在傍晚时分开展天文观测，我会在设置仪器之前把它放在一个没有暖气的棚子里，或者把它放置在一个可以保持阴凉的地方，直到日落。

数码绘图

直接在个人数字助理、超级移动电脑或平板电脑的触摸感应屏幕上进行观测绘图，是在目镜前进行铅笔素描的最佳选择。

多年来，在使用这些小型计算机的过程中，我发现老式的 WinCE 个人数字助理，如 HP Jornada 系列（配备键盘的 680~720

型号除外）对天文素描相当有用——它们确实比一些最新的基于 Windows 移动操作系统的掌上电脑（如 XDA Orbit）更适合用于天文素描，因为后者的屏幕尺寸要小得多。由于屏幕下方有一个涂鸦板（用于手写输入和字符识别），所以许多由 Palm 驱动的个人数字助理的实际可用屏幕尺寸通常也比较小。对于行星素描，我目前首选的个人数字助理是由掌上电脑驱动的 SPV M2000。

有许多适用于个人数字助理的图形软件程序可供下载，其中一些是免费软件、共享软件或试用版的商业软件程序（允许你在购买前试用）。对于我的 SPV M2000，我比较喜欢使用由 NeFa Studio 提供的简单、易用且多功能的 Mobile Atelier 软件，Mobile Atelier 软件的免费版本也可在旧的 WinCE 设备上安装使用。

夜晚，在野外运行天文软件或通过平板电脑进行 CCD 天文观测成像时，我经常使用绘图程序 Corel Paint 或平板电脑自带的绘图程序进行月球和行星观测。在观测环境比较恶劣的情况下，我会使用 Hammerhead HH3——这是一款超级坚固的平板电脑，可以承受相当程度的冷热变化与潮湿，被踩踏或是掉落在地上后也能正常工作。在晴朗的夜晚，我便选择富士通 Stylistic 平板电脑，其结构微妙、做工精细，但拿在手上却很轻。

与传统行星素描相比，数码绘图有许多优点。观测模板可以预先加载到电脑上，随时可以进行绘制。如果有必要的话，也可以使用适当的软件先在目镜前进行一番准备，以便在上面绘制行星草图，从而避免手工准备预测图样时可能会产生的令人沮丧的结果。对于那些有 Wi-Fi 功能的个人数字助理来说，观测者可以通过互联网访问准确且多功能的 NASA JPL 太阳系模拟器（我使用一个叫作 Taiyoukei 的免费天文程序来访问该太阳系模拟器）以用于行星观测，这个方法是很有用的。该太阳系模拟器可以生成一个实时的、比例适当且相位清楚的水星或金星图像，通过屏幕捕捉可以将其传输到一个绘图程序，作为行星观测的数码绘图模板。

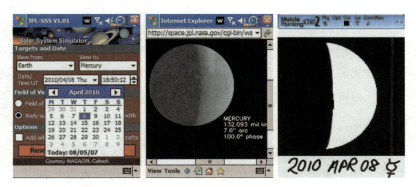

图 5.2　在个人数字助理上使用美国国家航空航天局喷气推进实验室提供的太阳系模拟器来生成用于水星观测绘图的模板。图中显示了 2010 年 4 月 8 日水星东大距最有利于观测绘图时的水星图像。

　　个人数字助理、超级移动电脑和平板电脑的屏幕都有背光，亮度可调，因此，在绘制草图时不需要用一只手拿着手电筒。现在有许多优秀的、用途十分广泛的图形应用程序，它们可以复制各种绘画媒介（从铅笔到油画笔）的色调范围，部分绘图效果可应用于行星观测绘图，如混合、平滑、模糊和色调调整等。与铅笔素描不同，数码绘图产生错误时，可以很容易地通过简单的"返回"操作来补救。作为一个热衷于天文数码素描的人，我发现，将通过目镜观察到的图像在个人数字助理或平板电脑上画出来，其效果能够达到可以出版的水平，这样就不必在事后重新准备一张"整洁的"草图，或者事后只需在电脑上对图像进行少量的修饰即可。

书写注释

所有的观测绘图都应附有注释，须在同一张纸上写明行星的名称（水星和金星的观测绘图有时看起来很相似，如果不写明行星名称会容易搞混）、观测日期、开始观测的时间和观测结束的时间（以世界时间格式表示）、所使用的仪器和放大率、所使用的综合光源或滤光片以及能见度条件。在望远镜目镜前做的简短笔记，也可能会帮助指出一些观察到或怀疑到的不寻常的或是有趣的特征，但这些特征不一定明显，也不一定能在你的行星观测图上被描绘出来。月球和行星观测者协会提供的金星观测表格中包含了一个观测现象（例如终止线处阴影的程度、大气特征等）的勾选清单，使用起来非常方便。使用这份勾选清单除了可以帮助减少写笔记的时间外，还能提示观测者在观测时要系统地注意一些特定的行星特征。

日期和时间：世界各地的业余天文学家都使用世界时间（UT），它与格林尼治时间（GMT）相同。观测者需要了解他们所在的世界时区所带来的时差，以及当地夏令时的调整，并将其相应地转换为世界时间。对时间进行转换时，日期也须相应地做出调整。时间通常是以 24 小时计，例如，世界时间下午 3 点 25 分可以写成 15：25，1525，或者 15 h 25 m UT。

能见度：为了估计天文观测时能见度条件的好坏，天文学家们会参考两种"能见度量表"中的一种。在英国，许多观测者采用的是安东尼亚第[①]量表，这是专门为月球和行星观测者所设计的。

---

① 欧仁·米歇尔·安东尼亚第（Eugène Michel Antoniadi），天文学家，出生在伊斯坦布尔，但其一生中的大部分时间居住在法国。

AI——完美的能见度条件。大气没有一丝颤动。如果需要的话，可以使用最大的放大率。

AII——良好的能见度条件。大气轻微波动，有持续数秒的平静时刻。

AIII——中等的能见度条件。有较大的大气震荡。

AIV——能见度不佳。有令人讨厌的连续不断的大气波动。

AV——非常糟糕的能见度条件。成像极其不稳定，此时几乎不值得进行尝试天文观测，因为在这种条件下，我们甚至连行星的相位都可能无法辨别出来。

在美国，能见度条件的好坏通常用皮克林[①]量表进行度量，其数值在 1~10 之间。这个量表是根据一颗被高度放大的恒星通过一个小型折射望远镜生成的艾里斑图案来设计的。艾里斑图案是一个光学假象，它会根据光路上大气湍流程度的不同而产生不同的变形。在完美的观测条件下，恒星看起来就像是一个微小的亮点，其周围有一套完整的完美环状物。当然，大多数行星观测者在观测过程中，并不是每次都要检查恒星的艾里斑图案，而是根据明亮的恒星图像的稳定程度来估计能见度的好坏。

P1——能见度条件糟糕透了。此时，恒星图像的大小通常是第三个衍射环直径的两倍（如果可以看到这个环的话）。

---

① 威廉·亨利·皮克林（William Henry Pickering），美国天文学家，发现了土星的卫星——土卫九。

P2——能见度条件极差。此时，恒星图像的大小偶尔会是第三个衍射环直径的两倍。

P3——能见度条件非常差。此时，恒星图像与第三个衍射环直径相同，图像中心较亮。

P4——能见度条件不佳。通常可见艾里斑中心盘，有时可以看到弧形的衍射环。

P5——中等的能见度条件。始终可见艾里斑中心盘，经常可以看到弧形的衍射环。

P6——中等到良好的能见度条件。始终可见艾里斑中心盘，始终可见短的弧形衍射环。

P7——良好的能见度条件。有时艾里斑中心盘的轮廓清晰，可以看到长的弧形衍射环或完整的衍射环。

P8——能见度条件非常好。艾里斑中心盘的轮廓始终是清晰的，可以看到长的弧形衍射环或完整的衍射环，但衍射环不是静止的。

P9——能见度条件极好。艾里斑内环静止，艾里斑外环短时静止。

P10——完美的能见度条件。拥有完整的、静止的衍射图案。

如果只用一个简单的数字来表示所估计的能见度条件，而不说明是根据"安东尼亚第量表"还是"皮克林量表"进行估计的，就会造成相当大的混乱。因此，需要用一个字母加一个数字（AI到AV，或P1到P10）来表示能见度条件，此外，还可以对能见度条件做一个简短的书面描述，例如"AII——能见度条件良好，偶尔极好"。

观测条件：记录观测时的天气状况，如云量、风力和风向以及温度。

大气透明度：表示大气透明程度的量，被称为"透明度"，它随着大气中烟尘颗粒数量以及云和雾的变化而变化。工业和生活污染会导致城市及其周边地区的大气透明度变差。我们通常使用的透明度等级在 1 级~6 级之间，等级大小是根据肉眼可观测到的最微弱的恒星的星等来决定的。

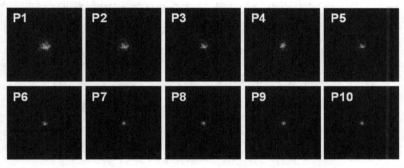

图 5.3　皮克林量表是基于一颗被放大的明亮恒星图像的质量来设计的。

5.2 ┃ 观测水星和金星所需的数据

　　许多关于水星和金星的必要信息都发表在年度天文星历中，如《英国天文协会手册》《天文学年鉴》（美国航海天文历编制局和英国皇家航海天文历编制局的联合出版物）以及多年交互计算机年历（简称 MICA，是一款由美国海军天文台提供的计算机程序）。天文星历中给出的关于水星和金星的典型表格数据包括：

　　　　西大距（早晨出现）对应的日期以及距角[①]大小（以偏西角度计），上合日期。

　　　　东大距（晚间出现）对应的日期以及距角大小（以偏东角度计），下合日期。

　　　　观测日期（以等间隔的日期形式给出，例如，日期间隔为 5 天）。

　　　　以 RA（赤经）和 Dec（赤纬）表示的行星所在天球坐标。

　　　　星等（精确到 1/10 量级）。

　　　　视直径（以角秒计）。

　　　　相位（以百分比或十进制数字表示，如 50% 或 0.5）。

　　　　距角（以度为单位，偏东 E 表示为正值，偏西 W 表示为负值）。

　　　　中央子午线（CM，通常金星的数据不包括中央子午线，因为在综合光照下我们看不到金星表面）。

　　　　与地球的距离，以天文单位（AU）表示。

[①] 　距角，行星与太阳，或卫星与其母行星对地心的张角。

5.3 计算机程序

　　许多用于个人电脑和个人数字助理的天文程序能够给用户提供比一些干巴巴的数字多得多的东西。虽然我没有试用过所有的天文软件，但是对于个人电脑，我个人会推荐你们使用 Starry Night 和 RedShift 这两套软件。最近几年，这些软件的不同版本已经陆续发布了，虽然版本不同，但是它们都有许多优秀的功能，适合行星观测者和一般的业余天文学家使用。

　　在目镜前使用安装在个人数字助理上的天文软件，是非常有用的。我最喜欢的安装在掌上电脑上的天文软件包括 TheSky、Pocket Universe（这两者都是商业软件，可下载操作演示案例）以及 Taiyoukei（一款令人印象非常深刻的免费软件，用户界面很可爱）。在众多由 Palm 驱动的个人数字助理天文软件

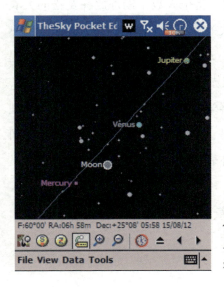

图 5.4　安装在掌上电脑上的 TheSky 软件。图中显示了 2012 年 8 月 15 日上午天空中的行星群。行星图片附后。

中，能力最强的当属由安德鲁斯·霍佛尔编写的共享软件程序Planetarium。如前所述，美国国家航空航天局喷气推进实验室提供的太阳系模拟器是一个很好的互联网资源，可以通过多种方式访问，包括通过个人数字助理或个人电脑的互联网。

由于所含的电子器件和 LCD 屏幕（液晶显示器）对温度敏感，所以，个人数字助理有最佳的工作温度范围，且其最佳工作温度范围与人体感觉舒适的温度范围相同，即在室温下个人数字助理工作得最好。就像人体一样，个人数字助理在极端热或极端冷的条件下，工作效率较低。在夜间使用个人数字助理辅助天文观测时，寒冷是影响其性能的主要因素。最先受到影响的部件是液晶显示器屏幕，随着夜间温度的降低，液晶显示器屏幕上随机显示错误的数量也越来越多。

我经常在望远镜目镜前使用个人数字助理，这种情况已经持续好几年了，在零度以下的温度环境中使用个人数字助理的次数也多得数不清，记得只有一次个人数字助理出现了故障（那是一个软件故障）。如果在观测时，将个人数字助理放在宽松的大衣内袋中，它就不会因寒冷而失效、无法工作，因为人体散发的热量可以防止它被冻住。使用个人数字助理时，温暖的手有助于提高它的温度，你需要伸出一只赤裸的手，或者至少是赤裸的指尖，才能握住个人数字助理的触屏笔，触屏笔一般位于个人数字助理细长的侧边。要注意的一点是，不要把你的个人数字助理长时间放在任何暴露在环境中的物体表面上，因为这样做它很可能会迅速结露和（或）被冻结起来。冷却到零下 5 摄氏度以下时，个人数字助理的性能就会变得很差，而如果让它冷却到零下 15 摄氏度以下，那它就根本无法工作了。

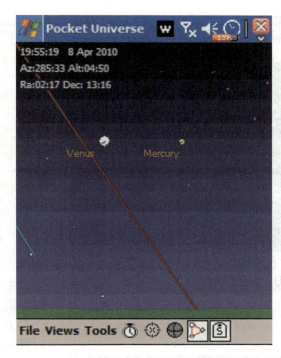

图 5.5 安装在掌上电脑上的 Pocket Universe 软件。图中显示了 2010 年 4 月 8 日晚间天空中的水星和金星。

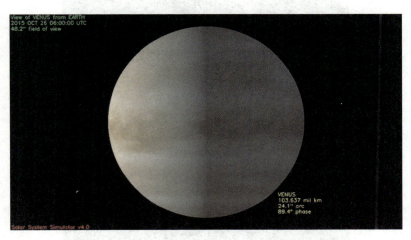

图 5.6 美国国家航空航天局喷气推进实验室提供的太阳系模拟器，它是一个基于互联网的应用程序，可以生成水星和金星的精确图像。图中显示了 2015 年 10 月 26 日金星西大距时的图像。

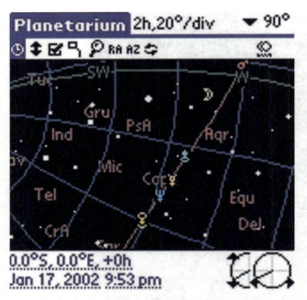

图 5.7　AHo Software 公司 Planetarium 软件的屏幕截图，这是一款功能强大的、可安装在由 Palm 驱动的操作系统上的天文应用程序。

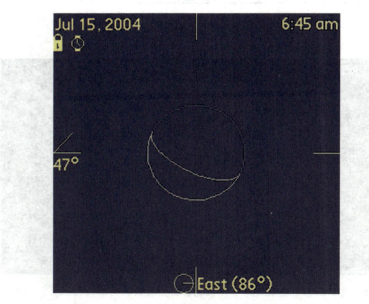

图 5.8　2sky 是一个可安装在由 Palm 驱动的操作系统上的多功能天文应用程序，能够显示金星的精确相位图像。

5.4 白 描①

轮廓画可以作为在目镜前绘制阴影铅笔画的一种替代手段或辅助手段。带注释的白描画可以和阴影铅笔素描画一样包含很多信息，但是，这种绘画技术不应该被认为是色调画法的一种快速且简单的替代方式，因为白描同样需要仔细地绘制，并且同样需要关注细节。强度估计是白描的重要补充，它要求观察者用"0~5"的尺度来估计画中每个不同区域的亮度。

强度估计表

0 表示极为明亮的区域。

1 表示明亮的区域。

2 表示行星盘的一般明亮区域。

3 表示靠近能见度极限的微弱阴影区域。

4 表示容易辨认的阴影区域。

5 表示异常黑暗的阴影区域。

我们的眼睛能够区分成百上千种灰色，所以，一个熟练的观察者可以很容易地对强度估计的基本尺度作进一步细分。与变星估计不同，强度估计往往是定性的视觉估计，而不是定量的。此外，视觉错觉可能会欺骗观察者——当两个实际色调相同的区

---

① 也称"线描"，指单用墨色线条勾描形象而不施藻饰、不加渲染烘托的画法。

域被放在不同亮度和对比度的区域旁边时，感觉上可能会呈现出大不相同的色调。

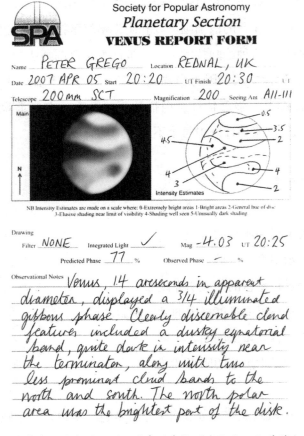

图 5.9　一份完成了的金星观测记录表（表格源自大众天文学学会官网有关行星的部分）示例，带有色调图和强度估计。

5.5 复制你的观测结果

很少有人能在目镜前绘制出完全没有错误的观测图。因此，观测结束后最好趁着所观测到的场景在你的脑海中尚是鲜活的时候，尽快准备一份整洁无误的观测图，因为准确的记忆往往会很快消失。在室内绘制的新观测图要比原来在望远镜前绘制的观测图准确得多，因为观测者能够回忆起原先绘图时的一些小细节，这些小细节可能不太正确，需要在整洁的新观测图上加以纠正。与用 CCD 相机捕捉观测图像不同，肉眼观察所获得的许多细节，都被包含在观察者的脑海中，只有用心观察才能复现。

复制观测结果时，我们完全有可能把在目镜前所绘制的最粗糙的观测图像，转换为更准确、更悦目的观测图像。我自己在目镜前绘制的一些观测图（虽然不太好意思承认，但还是得诚实地说，其中有些观测图是我用圆珠笔在衬纸上随意画出来的，因为在野外缺乏绘图工具资源），其本身并没有什么价值，绘制不准确，看了甚至会觉得相当可怕。然而，这些在目镜前绘制的观测图的真正价值是可以发生转变的，在观测结束几个小时后，透过我们所复现的整洁的新观测图，原始观测图的价值才得以显现。这个整洁的副本（新观测图）可以作为进一步绘图的模板，或者用来进行电子扫描或复印。

我们可以用各种媒介来复制观测结果。要想达到极佳的效果，可以使用墨水笔和水粉笔作画——水粉笔是一种绘制水彩画的工具，能够以可控的方式绘制出具有相当厚度的作品——这样便能以更大的尺度复现出观测结果，用于展览。这两种复现观测图的方法都需要用笔熟练，虽然本书在此不宜对绘图方法展开具体描述，但读者只要不断尝试、积极实践、坚持不懈，所付出的努力终会带来绘图水平的巨大提升。

就绘制实物画而言，使用软铅铅笔在光滑的白纸上作图是迄今为止最快捷、最简单的方式。作图完成后，需要立即给铅笔画喷上固定剂，以防在不经意间摩擦到画作，弄脏复现的新观测图。普通复印店影印的色调铅笔画不太好，不适宜提交给天文学会的观测部门或是在杂志上发表，因为影印的画作不能捕捉到原画作中的全部色调，而且看起来还可能有点儿暗和粗糙。不过现在大多数行星观测部门都乐意接受高质量的激光打印或数字扫描出来的观测图。一些商业杂志可能会坚持要求投稿者提供原始观测图，或者至少通过软盘或电子邮件提交高质量、高分辨率的原始观测图扫描件。

虽然你可能很想丢弃旧的观测图，但它们毕竟是你在目镜前仔细观察和努力工作的一份永久记录，值得保留。至少，将旧的观测绘图结果与最近的观测绘图结果相比较，可以证明你的观测和记录技巧有了很大的提高。原始观测图是后续副本创作的基础，创作出的副本可供你所属天文学会的观测部门使用，或是用于出版。基于上述这些原因，请保留你的原画，以供将来参考。可以将你的水星和金星原始观测图放在一个文件夹或活页夹里，并把每张图放在干净、干燥的聚乙烯透明袋中。

5.6 水星和金星成像

传统摄影

　　一般来说，通过一台小型望远镜，我们就可以看到一个美丽的、明亮的金星图像，所以似乎有理由认为，相机能够捕捉到同样的图像，金星摄影成像很容易，并没有什么困难。但是，实际情况并非如此。虽然金星足够明亮，几乎所有的传统胶片相机都可以通过望远镜的目镜来记录下金星，但使用普通的胶片相机——无论是简单的紧凑型相机，还是 35 毫米的单反相机——成功获得令人满意的行星摄影图像，实际上比许多人想象的更困难和复杂得多。

　　使用一台配有赤道追踪器的望远镜和一个固定式照相机，保持行星稳定地处在视场中心，是使用传统胶片相机拍摄金星的必要条件。虽然视觉观察者可以应对在没有驱动装置的条件下行星在望远镜视场中的漂移运动，即通过手动操作使视场中的行星保持相对静止。但是，手动操作稍有误差，即使是导致视场中的行星产生了最轻微的运动，最终也将使得摄影图像产生运动模糊，而且曝光时间越长，模糊程度越严重。

无焦摄影

　　无焦摄影指的是使用非单反小型胶片相机或数码相机通过望远镜目镜拍摄物体的过程。基本的紧凑型胶片相机和数码相机都有固定的镜头，且镜头通常预设为对准几米远至无限远处的物体，由于它们为标准无焦摄影预设了曝光量，所以无法根据天文观测成像的需要对曝光量进行微调。尽管如此，它们仍然适合对像金星这样明亮的行星进行成像。

非单反胶片相机的取景器略微偏向摄影光轴的某一侧，这对于日常场景的快速简单成像来说是很好的，但却完全不能用于无焦摄影，因为它不会将投射到相机中的金星图像显示出来。考虑到在使用普通胶片相机进行无焦摄影时，穿过相机的视野是不可见的，所以金星图像必须在精确对准的寻星镜十字准线上排成一排，并且需要成像者在无法看到图片构图的情况下进行拍摄。

大多数的紧凑型数码相机拿来进行无焦摄影还是比较容易的，因为投射到相机 CCD 芯片上的图像会即时出现在相机后面的电子显示屏上——尽管它是一个有点粗糙、有点小的液晶显示器屏幕。数码相机是为日常使用而设计的，所以，当我们试图用它来拍摄金星的时候，它的一些自动设置可能会对行星拍摄产生相当大的不利影响。因此，为了产生最佳的拍摄效果，有必要提前对相机的各种设置进行试验。

首先，我们肉眼通过望远镜的目镜进行观察，对准金星，然后将相机牢牢固定在靠近目镜的地方。如果相机上有对焦调整设置，最好将其设置为无穷远。一些基础版的相机是没有任何附件的，因此需要制作某种临时的相机适配器，以便将相机与望远镜相连——许多相机都很轻，可以用一点儿蓝丁胶和电工胶带将其临时固定在望远镜上。如果你的相机机身底部有一个标准的三脚架轴套，那么，我们就能够以更牢固的方式来安装相机，或是将其安装到市面上的望远镜相机支架上。

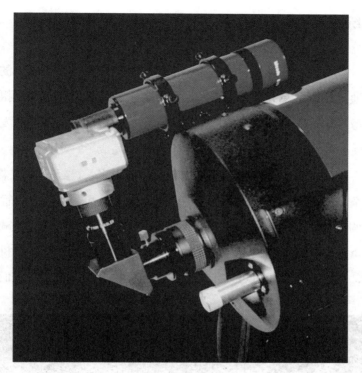

图 5.10　使用安装在 200 毫米的施密特－卡塞格林望远镜上的数码相机进行无焦摄影。

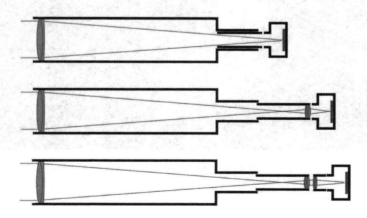

图 5.11　三种摄影成像技术——主焦点成像（上）、目镜摄影成像（中）和无焦摄影成像（下）。

传统的单反摄影

单反相机借助反射镜、棱镜和目镜，将来自被拍摄物体的光线通过相机主镜头引导至眼睛，取景器中的区域就是最终的摄影成像区域。当我们按下快门按钮时，单反相机的反射镜立即发生翻转，使光线直接投射到胶片上，这样便完成了一次摄影。

单反相机自 20 世纪 60 年代全面推出以来，已经变得越来越复杂。顶级的单反相机配备了电子控制装置，可以从各个方面自动调整相机功能。通过使用快门线[①]，我们可以最大程度地减少按下快门按钮时振动产生的影响。更好的是，通过调整相机设置，大多数单反相机可以延迟一段时间后再曝光，这样，我们设

图 5.12　作者正在尝试用单反相机拍摄金星。

① 快门线（cable release），控制快门的遥控线，常用于远距离控制拍照、曝光、连拍，可以控制相机拍照和防止接触相机表面导致震动以及破坏画面的完整性。

置完相机导致的望远镜振动就有时间减弱，从而有利于更好地摄影成像。对于一些基础版的单反相机而言，快门的运动会使相机和望远镜产生振动，从而导致图像有点儿模糊——拍摄高倍率图像时，自然而然会导致更为严重的问题，因为高倍率下望远镜运动对图像的不利影响会加剧。

一些令人十分惊叹的水星和金星图像，是黄昏时分人们用架在望远镜上，甚至是安装在一个无驱动装置的三脚架上的单反相机所拍摄的广角图像。这类图像虽然构图方式各异，在很大程度上是品味问题，但还是需要遵循一些基本规则，才能拍摄出足够有趣且壮观的广角图像，从而值得被收录到"每日天文一图"[①]网站（http://antwrp.gsfc.nasa.gov/apod/astropix.html）。首先，图像要包括一个有趣的前景——比如，一个历史遗迹、一个自然美景或一个城市全景。像金星这样明亮的天体，其反射光可以很好地衬托出一张照片，所以，你可以寻找一个合适的、表面光滑的池塘、湖泊或大海作为前景。拍摄时，如果适逢诸如月球、恒星或者其他行星近距离接触被观测行星，则会产生更加令人难忘的图像，所以，请留意合适的摄影时间。可以通过浏览你最喜欢的天文杂志的天空日记页面，或运行你的个人电脑上的天文应用程序来寻找合适的摄影机会。

胶片类型

胶片的 ISO 数值代表它的"速度"——ISO 数值越高，胶片速度越快，所需要的曝光时间也就越短。200 ISO 是一种中等

[①] 每日天文一图（Astronomy Picture of the Day），一个由美国国家航空航天局与密歇根科技大学共同运营的天文图片网站。

速度的胶片，对于刚入门的行星摄影者来说，使用廉价的普通型 200 ISO 彩色打印胶片来尝试进行行星摄影是很好的。胶片质量往往因品牌而异，甚至同一经济型品牌的不同批次产品之间的质量也有差异。速度较慢的胶片含有较细的颗粒，因此可以捕捉到更多的行星细节，而颗粒大小随着胶片的 ISO 数值增加而增加。在比较常规尺寸的照片时，这一点可能不明显，但将照片放大后差异就十分明显了。相较于用快速胶片拍摄的照片，用慢速胶片拍摄的照片可以被放大更大的倍数而不模糊，但慢速胶片也有缺点，它需要更多的时间来曝光。用普通胶片拍摄行星的高倍率照片，需要借助一个精确驱动的赤道跟踪驱动器。专业版柯达 Panatomic X 胶片（中高对比度，拥有极细的颗粒和极高的分辨率），柯达 Plus-X 胶片（中速 125 ISO，拥有极细的颗粒和出色的清晰度），以及柯达 Tri-X 胶片（细颗粒，高清晰度和高分辨率），都是对紫外线波长敏感的胶片，能够捕捉到金星云层的细节。

主焦点成像

当我们将相机机身（相机减去镜头）与望远镜（减去目镜）相连时，落在胶片上的光线就会与望远镜物镜（或反射镜）的主焦点重合。对于传统的主焦点摄影而言，即使是用长焦距的望远镜拍摄，在 35 毫米的胶片上也只能生成一个小得可怕的行星图像。此时倘若增添一个巴罗透镜（标准的巴罗透镜有 2 倍和 3 倍两种规格），则将会有效地增加望远镜的焦距，生成一个放大的图像。调节望远镜本身的调焦器，并通过相机的取景器进行观察，我们可以将行星调到主焦点上。这样的行星拍摄过程通常是非常轻松的,绝不像目镜摄影成像（见下文）那样需要很精确地操作。

网络摄像机和天文CCD相机被广泛用于主焦点行星成像。与35毫米的胶片相比，CCD芯片很小，所以，它能有效提供的放大率要大得多（见下文CCD摄影）。精确的对焦是至关重要的，最好是使用电子对焦器，而不要通过手动拨动旋钮来实现对焦。

目镜摄影成像

将目镜插入望远镜，然后将经过目镜的图像直接投射到相机机身（减去镜头），便可以获得高倍率的行星照片。适用于标准尺寸目镜架（直径为1.25英寸或2英寸）和各种型号单反相机机身的目镜适配器有很多。无畸变目镜和普洛目镜都可以提供清晰的图像和平坦的视场。目镜摄影成像能够提供放大率比主焦点成像高得多的行星图像，且放大率的大小取决于望远镜和目镜的焦距，以及目镜与胶片平面的距离。使用焦距较短的目镜能够提高放大率，增加目镜距胶片平面的距离也会提高放大率。目镜摄影成像的调焦过程是通过相机取景器直接观察放大的行星图像并调节望远镜的调焦旋钮，直到行星成像锐利。

5.7 数字成像

CCD（电荷耦合器件）是一个小的平面芯片——大多数商用数码相机CCD的直径与火柴头大小相当——由被称为"像素"的微小光敏元件阵列所组成。照射到每个像素上的光都会被转换为电信号，电信号的强度与照射在像素上的光的亮度直接相关。电信号所包含的信息可以以数字方式存储在相机自身的存储器中，或者可以传输到个人电脑中，通过个人电脑处理成图像。最低端的数码相机的CCD阵列可能为640像素×480像素，市面上普通的400万像素相机的CCD拥有2240像素×1680像素，而一个更高端相机的芯片则拥有3072像素×2304像素，即720万像素。

使用网络摄像头和专用的天文CCD相机，可以使业余天文学家有机会凭借相当普通的望远镜设备就能拍摄出令人非常满意的水星和金星图像。数字图像比在照相馆暗室里拍摄的传统照片更容易进行后续处理和修饰。尽管几乎任何人都可以操作CCD相机，将其对准一个小型望远镜，拍摄出一张勉强可以接受的行星照片，但是，优秀的数字成像需要相当的技巧和足够的专业知识——不论是在拍摄现场，还是在后续用电脑处理图片的过程中——这样才能制作出充分展现行星表面细节的高分辨率图像。

便携式摄像机

便携式摄像机拥有固定的镜头，需要采用无焦摄影的方式通过目镜拍摄连续镜头。影响传统胶片相机和数码相机无焦摄影成像的有关问题，同样会出现在便携式摄像机身上。便携式摄像机往往比数码相机更重，因此，我们必须尽可能结实地将便携式摄像机与望远镜目镜连接在一起。当采用无焦摄影方式拍摄行星图像时，一些用于固定数码相机的设备也可以用来将轻型便携式摄像机固定在望远镜上。

图 5.13　在 2002 年 5 月 3 日那个令人难忘的夜晚，作者使用 127 毫米的马克苏托夫－卡塞格林望远镜以及一台便携式摄像机，在短短几分钟内观察并拍摄了全部的五颗经典行星——水星（左上）、金星（右上）、火星（中间）、木星（左下）和土星（右下）。这些图像并不是特别好，只是简单地抓取了数字视频帧（未进行堆叠），但都是按比例显示的。

便携式数字摄像机是质量最轻且功能最多的摄像机，因为它使用了与网络摄像机（见下文）获取图像相同的技术进行数字编码，其拍摄的图像可以很容易地被转移到计算机上。一旦被下载到计算机上，我们就能（以低分辨率）对数字视频录像的各个视频帧进行单独取样；取样得到的视频帧经由特殊软件堆叠，可以产生详细的高分辨率图像；视频帧也可以被组装成一个个片段，而后被转移保存至 CD-ROM、DVD 或录像带中。这个过程可能很耗时——运行视频片段和处理图像所花费的时间可能远远超过实际拍摄视频所花费的时间。数字视频剪辑还需要消耗大量的计算机资源，包括内存和存储空间——因此，计算机的 CPU 和显卡运行得越快越好。要进行最基本的视频片段剪辑，电脑硬盘上至少需要有 5 GB 的空闲存储空间。

网络摄像机

虽然网络摄像机通常是为家庭设计的，方便家庭成员之间通过互联网进行交流，但其实我们也可以用它来捕捉行星的高分辨率图像。网络摄像机重量轻、功能多，并且价格也比专用天文 CCD 相机低得多。几乎所有的商业版网络摄像机都可以被拿来连接到电脑和望远镜上，用于拍摄水星和金星图像。尽管拍摄的图像质量很大程度上取决于拍摄者所具备的技能和所采用的拍摄技巧，但只要你有耐心，积极实践并且坚持不懈，拍摄行星图像的技能和技巧就会有所提高。

虽然网络摄像机可能没有像更昂贵的天文 CCD 相机那样敏感的 CCD 芯片，但它们在记录由数百或数千张单独图像组成的视频片段方面，比采用单次拍摄的天文 CCD 相机有明显的优势。

网络摄像机能够拍摄由几十、几百甚至几千张单独视频帧组成的视频序列，我们可以通过挑选视频片段中最清晰的图像并对其进行处理，来克服图像不清晰的影响。这些被挑选出来的图像——手动或自动挑选——可以使用堆叠软件对其进行组合，从而产生一张细节高度丰富的图像。这张图像可能显示出与使用同一仪器时，肉眼通过目镜所能看到的一样多的行星细节。

对水星和金星进行成像时，通常需要将网络摄像机放置在望远镜的主焦点上（并且去掉网络摄像机的原始镜头）。许多网络摄像机，例如流行的飞利浦 ToUcam Pro，都拥有容易拆卸的镜头，借助市面上的望远镜适配器，我们可以轻松地将去掉原始镜头的网络摄像机连接到望远镜上。然而，有些网络摄像机镜头需要进行专业拆卸，而望远镜适配器则需要自制。

CCD 芯片对红外光很敏感，而原始的镜头组件通常包含了一个红外阻隔滤光片——如果没有滤光片，那么，要实现真正清晰的聚焦是不可能的，因为红外线的聚焦方式与可见光并不相同。我们可以将红外阻隔滤光片装入望远镜适配器，使其只允许可见光波长的光线通过，从而实现清晰的聚焦。

与大多数其他数字设备中的 CCD 芯片一样，网络摄像机的 CCD 芯片非常小——飞利浦 ToUcam Pro 中的 CCD 芯片尺寸为 3.6 毫米×2.7 毫米。人们通常会在望远镜的主焦点上放置一个巴罗透镜，用来提高网络摄像机的放大率。由于使用网络摄像机通过普通业余望远镜的主焦点得到的图像放大率高，所以，配备一套电动慢动作控制、极轴对准的驱动赤道仪装置是必不可少的，这样才能捕捉到一个持续 10 秒至 20 秒的、相对静态的视频片段。如果图像在剪辑过程中漂移过多，那么说明用来进行视频剪辑的软件可能不够好，无法产生良好的对齐效果。

事实证明，要想准确地对准网络摄像机是很费时间的，但是，要达到一个粗略的对准，还是比较方便的。最好是在白天进行设置，用望远镜和网络摄像机对准一个遥远的地面物体，查看笔记本电脑的显示器，手动调整聚焦。一旦地面物体被聚焦，就锁定焦点或用光盘记号笔在聚焦筒上做好标记。

在数字成像过程中，我们使用望远镜的寻星镜将行星置于视场中心，如果准确对准，那么，行星将会出现在电脑屏幕上，而后可能需要通过微调进一步聚焦。手动调整望远镜的焦距时，必须注意不要太用力摇动仪器，因为仪器晃动可能会导致被观测的行星从狭小的视场中完全消失。耐心地进行聚焦测试，最终你会得到一个相当清晰的焦点——一旦实现聚焦，就立刻锁定聚焦器并标记聚焦管的位置，以便在后续的成像过程中，可以借助标记快速地找到一个近似的清晰焦点。

一个较好的行星图像和一个极好的行星图像之间的区别，就在于能否实现良好的对焦。一个尖锐的焦点不同于较好的焦点，它只有零点几毫米。以上述方式进行手动调焦是非常耗时的，而且完美调焦的实现更有可能是因为运气，而不是因为付出了努力。电动调焦器可以从距离望远镜很远的地方调整焦距，被认为是行星成像仪的一个基本配件。电动调焦器节省了很多时间，使得人们可以更加享受行星成像的乐趣，更重要的是，它为实现精细调焦提供了多种多样的控制方式。网络摄像机可以通过高速 USB 接口连接到电脑上，提供快速的图像刷新率，从而实现实时精细对焦。

我们可以使用网络摄像机提供的软件来捕捉行星的视频序列。相关软件必须能够自动控制大部分的图像特性——可自动调整控制对比度、增益和曝光，以提供一个可接受的图像。许多数字成像者喜欢使用黑白记录模式，这样可以减少信号噪声，占用更少的硬盘空间，并且能够消除任何通过电子或光学方式产生的虚假颜色。

网络摄像机最大的优势在于，它在单次视频拍摄中所提供的图像数量非常之多。单次拍摄的专用天文CCD相机的价格是网络摄像机的十倍，并且每次只能拍摄一张图像。虽然这张图像的信号噪声可能要小得多，像素数量也比用网络摄像机拍摄的高，但能见度条件非常好的时候毕竟少，在能见度条件一般的情况下，二者拍摄出的图像质量差不多。网络摄像机即使是在能见度不佳的情况下也可以使用，因为我们可以在其扩展的视频序列中挑选

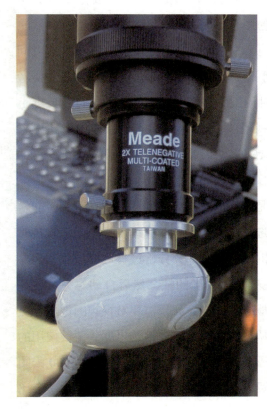

图5.14 一台用于月球和行星摄影成像的飞利浦 PCVC740网络摄像机，望远镜主焦点处放置了一个巴罗透镜。

一些清晰的视频帧使用。网络摄像机拍摄的视频序列通常以 AVI（音频视频交叉存取）文件格式存储。

大多数网络摄像机能够记录帧率在每秒 5 帧至 60 帧之间的图像序列。在每秒 5 帧的情况下，一个 10 秒钟的视频片段将会由 50 个单独的帧组成，可能会占用约 35 兆的计算机内存。当帧率为每秒 60 帧时，10 秒内将会有 600 次曝光，视频片段在硬盘上占用的空间将成比例地增加。采用最高分辨率（在大多数情况下，相应的图像大小为 640 像素 ×480 像素），并且将网络摄像机的帧率设置为每秒 5 帧至 10 帧，然后录制一个 5 秒至 10 秒的视频片段，这样得到的效果是最佳的。如果快速连续拍摄 5 到 10 个这样的视频片段，那么，相机成像器将会得到 125 到 1000 个单独的图像，可用于后续图像处理。虽然更高的图像样本量会产生更好的结果，但处理它们所花费的时间也会增加——如果是手动选择拍摄的帧率和时长，必须要考虑到这一事实。由于实际拍摄质量的提高效果是以对数尺度上升的，因此，总存在一个图像样本量点，当图像样本量超出它时，无论图像样本量再增加多少，在行星图像中都看不到明显的改进。

天文图像编辑软件是用来分析视频序列的，现在有许多非常好的免费成像程序可供选择。一些天文图像编辑程序能够直接对 AVI 格式的视频进行分析，而且大部分分析过程可以被设置为自动的——软件本身会挑选出最清晰的帧，然后自动对齐、堆叠和锐化这些帧，以生成最终的图像。如果需要对视频图像进行更多的编辑与修饰，可以从视频序列中单独挑选出那些要被使用的图像——由于这可能需要一个接一个地目视检查多达 1000 张图像，因此，是一个比较费力的过程，但是它产生的图像通常会比自动产生的图像更清晰。

我们可以在图像处理软件中对图像作进一步的处理，去除不需要的人工痕迹，锐化图像，增强其色调范围和对比度，并使细节更加突出。反锐化掩模是天文成像中使用最广泛的工具之一——这个工具可以近乎神奇地将模糊的图像转变为清晰聚焦的图像。但是，如果反锐化掩模使用过多或是对图像处理过度，那么，可能会导致虚假的图像纹理、阴影、重影和明暗效果，并逐渐失去色调的细节。每个行星摄影成像者都倾向于开发出属于自己的特殊方法，来对原始行星图像进行增强。尽管看起来不可思议，但是，世界上最有经验的几十位业余行星摄影成像者还是很有可能将彼此的作品区分开来，因为最终的图像中存在着微妙差异，这些微妙差异是由不同的图像处理技术组合导致的，根据彼此不同的图像处理方法偏好，可以有效甄别出某个作品是出自某个行星摄影成像者之手。

金星紫外成像与红外成像

一些行星细节通常难以用肉眼看到，或是超出了人类的视觉范围，于是，越来越多的业余行星摄影成像者开始创造性地使用各种滤光片来增强这些行星细节，这是业余 CCD 天文学中最激动人心的发展。

采用紫外成像能够十分详细地揭示出金星云层的微妙特征。由于紫外线波长的光会被许多类型的玻璃所吸收，因此，唯有通过主焦点成像可以获得最佳结果。如果使用到了对角镜，那么它必须是镜面类型而非玻璃棱镜。使用最大透光波长在 3200 埃和 3900 埃之间的滤光片可以获得最好的紫外成像效果。目前，市面上这种规格的滤光片包括柯达 W18A 滤光片以及巴德尔天文馆 U 型滤光片，后者具有最佳的整体透射特性。

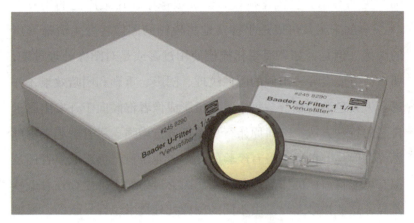

图 5.15　用于增强金星云层微妙细节的巴德尔天文馆 U 型滤光片

金星红外（IR）成像曾经是装备精良的专业天文台的专属领域，但是，现在越来越多的业余天文 CCD 成像者也在探索这一方向。金星是一颗非常热的行星，其表面和底层大气的温度足以熔化铅，因此，大量的热辐射会逃逸到太空中。调谐到近红外波长的相机能够记录这种红色的热辐射，从而能够根据该行星表面和近表面环境的温度变化来对行星进行成像。

然而，红外成像仅限于金星的暗面，因为金星被照亮部分的云顶亮度极高，使得 CCD 芯片完全无法准确记录其下方云层的红外辐射。因此，在金星与太阳下合之前和之后的几个月里，即当金星处于狭长状的新月相位时，我们可以获得金星未被照亮半球（暗面）的最佳红外图像。在这一时期，金星也恰好达到了它的最大视直径，便于观测成像。当明亮的金星月牙在持续数秒的图像中被过度曝光时，我们可以在暗面中瞥见细微的细节——这些细节似乎与该行星的地形相一致。较亮的区域对应金星上低海拔的高温区域，而较暗的区域则对应金星上较冷的高原和山脉。

第六章 /

观
测
水
星

6.1 水星和金星共有的天文景象

在背景星座的映衬下，太阳每年似乎都在沿着一条特定的路径运动，这条路径被称为黄道。由于所有主要行星的绕日公转轨道平面都与地球的绕日公转轨道平面大致吻合，所以，它们看起来都像是在偏离黄道平面几度之内的路径上运行。甚至月球的轨道平面也接近黄道面，与黄道面的夹角约为 5 度，这也导致我们可以时不时地看到日食和月食（因此太阳运动路径被称为"黄道"①）、月球—行星接近现象（被称为"犯"）以及月掩行星。行星接近太阳的情况也经常出现，但是由于太阳光照很强，导致几乎无法观察到这一现象，不过，非常有经验的业余天文学家可以通过精确的设备在水星和金星凌日时观测到水星和金星（见下文）。

相　位

水星和金星被称为"内"行星，因为它们的绕日公转轨道都在地球的绕日公转轨道之内，而且这两颗行星似乎都距离太阳比较近。从地球上看，水星和金星在每次远离太阳的过程中，都会经历一连串的相位变化，此外，它们的视直径也会发生变化，我们可以通过一个小型望远镜来跟踪观察它们的相位和视直径变化情况。

---

① 在英语中，黄道（ecliptic）与月食（lunar eclipse）有相同的词根，故而此处原文表达了一种因果关系。但仅从中文看，并无这种因果逻辑。

从地球上看，当水星或金星恰好位于其绕日公转轨道的远端时，会被太阳的强光完全掩盖，这时就称它们处于"上合"。上合之后，水星和金星会朝着太阳的东侧边缘移动，因此，我们很快就能在夜空中看到它们。刚开始时，通过望远镜我们会看到行星呈现为小圆盘状。随着行星朝着太阳的东侧进一步移动，它的明亮部分逐渐减小，直到明亮部分仅占一半（称为"半月"相位），此时夜空中行星到达了距离太阳最远处，称为"东大距"。然后，行星开始向西朝着太阳移动，它的明亮部分继续不断减少，变成一个大月牙状，直至完全消失在黄昏的天空中。

当水星或金星恰好处在地球和太阳之间时，就称它们处于"下合"。从地球上看，在大多数情况下，下合时行星会出现在太阳北方或南方一段距离处。只有在极少数情况下，下合时行星才真正恰好在地球和太阳的连线上经过，此时，它看起来呈现为一个微小的圆形轮廓，几个小时后，它才能穿越整个太阳圆盘。

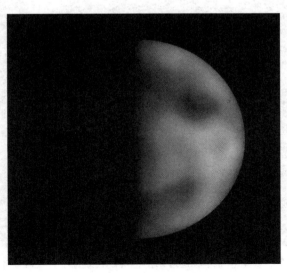

图 6.1　接近半月相位时的水星，图像来自 1992 年 3 月 8 日的一次观测。

下合之后，行星朝向太阳的西侧移动，最终在黎明前的天空中变得清晰可见。通过望远镜我们能够看到，下合后的行星呈现为大月牙状。随着时间的推移，行星被照亮的部分逐渐变宽，其视直径则慢慢变小。当行星到达太阳西侧最远处，即西大距时，便再次呈现为半月相位。随后，行星再次向东移动，并且越来越接近太阳，变成了"凸月"相位，视直径越来越小，直到接近上合时消失在太阳的强光中。

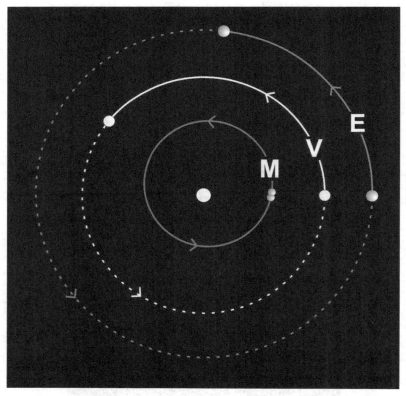

图 6.2　水星、金星和地球轨道对比图，实线代表每个行星在一个水星轨道周期（88 天）内走过的距离。

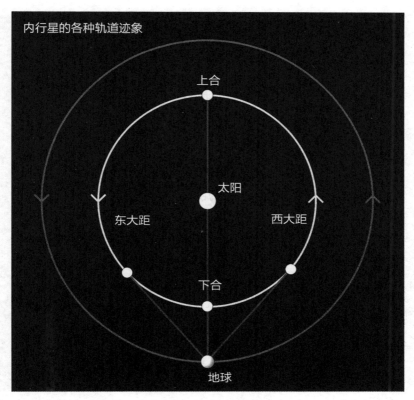

图 6.3　内行星的各种轨道现象

6.2 ┃ 月掩水星和月掩金星

　　由于月球的轨道面与黄道面之间存在一个夹角，约为 5 度，因此，位于黄道面两侧 5 度范围内的天空区域容易被月球圆盘完全掩盖起来。水星和金星，以及所有其他主要行星，其绕日公转轨道平面都在这个近黄道面区域内，因此，从地球上看，月球会时不时地出现在它们的正前方，将它们遮挡一段时间。有趣的是，水星和金星偶尔也会掩盖恒星和其他行星，明亮的恒星被遮掩是罕见的，行星之间的相互遮掩则更罕见了。

　　由于月球上没有明显的大气层，恒星又是如此遥远，所以，当我们用望远镜观察恒星时，它们就像点光源一样在月球边缘消失，而后又重新出现，这一过程几乎是瞬间完成的。与恒星不同，行星的视直径较大，可被观测，它们从被遮掩到重新出现需要经历一小段时间。水星的视直径通常比金星的小得多，而且由于水星更靠近太阳，因此，月掩水星现象更难被观测到。金星非常明亮，许多发生在白天的月掩金星现象都可以通过双筒望远镜轻松观测到。

6.3 | 可见期

　　从观测的角度来看，水星堪称最难以捉摸的行星之一。它的可见期是所有行星中最短暂的，从东大距到西大距，它仅需花费几个月左右的时间，而且从地球上看，由于水星距离太阳很近，其能见度在一定程度上也因此被削弱。

　　由于水星似乎从未偏离太阳很远，所以，如果观测者站在地球北半球中北部地区，比如英国、欧洲、加拿大、美国、中国和日本，那么，即使是在水星大距时期，也无法在真正黑暗的天空背景下观测到这颗行星。南半球的观测者有一个优势，那就是可以在有利观测的水星大距时期，偶尔在黑暗的天空背景下观测到这颗行星。此外，由于水星在上合和下合之间运动的角速度很快，所以，其实最有利于肉眼观测的时间段，只有东大距和西大距时期，而这一时间段通常仅持续几个星期。

　　当水星大距时，在日落或日出时分，尽可能地站在高于地平线的地方，可以获得最佳的观测效果。在北温带地区，比如英国、欧洲和北美大部分地区，春季水星东大距时，我们可以在傍晚的昏暗天空中观测到水星；而秋季水星西大距时，我们则可以在黎明前的天空中观测到水星。在上述情况下，连接太阳和水星的假想线，分别在日落和日出时分与地平线形成最大夹角。南半球的观测者在南半球春季水星东大距和南半球秋季水星西大距时，也能获得最佳的观测效果——由此可知，每年3月时，水星东大距则有利于北半球的观测者，水星西大距则有利于南半球的观测者。

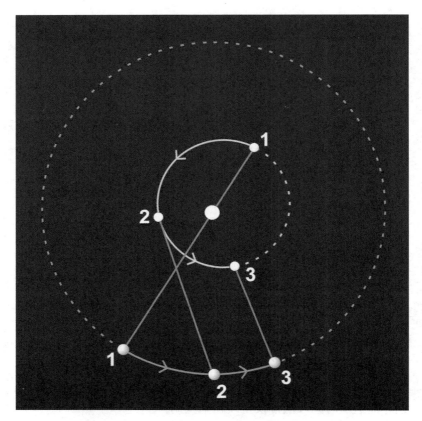

图 6.4 2016 年上半年，地球和水星的运动路径。图中显示了典型的利于观测的水星东大距情形。

  1-1：水星上合，2016 年 3 月 24 日
  2-2：水星东大距（19 度），2016 年 4 月 18 日
  3-3：水星下合（并且凌日），2016 年 5 月 9 日

　　水星绕日公转轨道偏心明显，因此导致了水星大距现象，水星与太阳的角距在最大 28 度（当它接近远日点时）和最小 18 度（当它接近近日点时）之间变化。不幸的是，对于位于北温带地区或更北部地区的观测者来说，水星大距恰好与日出或日落时分水星在地平线上显示最差的时期相重合，即水星大距时，连接太

阳和水星的假想线与地平线形成了最小夹角。而对于南半球的观测者来说，同样是水星大距，日出或日落时分，连接太阳和水星的假想线与地平线却形成了最大夹角，使得水星能够在更高的天空中被观测到，并且在更暗的天空背景下可被持续观测很长时间。

6.4 ┃ 裸眼观察

　　如果观测时间是在水星大距一周左右，并且日落或日出之时天空十分清澈，那么，裸眼观察水星也并不难。一旦人们第一次在这种有利的观测条件下看到了水星，看见它在昏暗的天空中稳定地闪烁着光芒，亮度达到负几星等，许多人就会想，为什么曾经他们会认为想要看到水星是件很难的事情。

　　在中北纬度地区，到了有利观测时节（春季）的傍晚时分，我们就可以在太阳落山半小时后用裸眼观察到水星。此时，太阳位于西边地平线下 6 度，正是黄昏时分的开始。理论上，水星可以在逐渐变暗的黄昏天空中保持可见长达 1 个小时，而其实际可见时长取决于地平线的平坦程度和大气的清晰度。最后，随着地平线附近水星反射的太阳光芒消失，水星也就消失了。在北半球，到了有利观测时节的清晨时分，我们有可能在水星升起后的半小时内通过肉眼发现它，并且可以在不借助光学设备观测的情况下，裸眼跟踪水星一个多小时，直至它消失在逐渐明亮的天空中。对于南半球的观测者而言，在有利于观测的水星东大距和西大距时期，他们能更久地观测到这颗行星——大约一个半小时——从黄昏开始一直到黄昏结束。

　　水星最亮的时候，亮度约为 -1.3 星等，比天空中最亮的天狼星（-1.4 星等）略微暗一些。水星的高度很低，而且由于它的光路常常被气流所扭曲，因此看起来有闪烁的迹象。水星经常被描述为一颗拥有玫瑰色或粉红色色调的星球，但是这种微妙的颜色（通过双筒望远镜观察最明显）实际只是因为水星高度低而产生的另一种视觉效果而已。

6.5 | 双筒望远镜观察

　　虽然我们通过普通双筒望远镜并不能观察到水星的相位，但是，它比裸眼观察还是有优势，通过这种观测方式，我们可以提早一些时间在黄昏的天空中找到水星。使用一副稳定的双筒望远镜，我们将能够很好地观察到水星与月球或恒星相合，或是近距离接触时的景象。在此需要警示一下读者——如果你试图通过双筒望远镜扫视太阳附近的天空来确定水星的位置，那么，切不可直视完全处于视场中的太阳。太阳即使在低空时，也足够明亮，如果一不小心导致它的光线通过光学设备射入我们的眼睛，那么就会对眼睛造成永久性的、不可逆转的伤害。

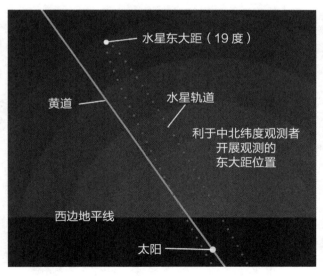

图 6.5　对中北纬度地区的观测者来说，有利观测条件下（水星东大距、傍晚、北半球春季）的天空景象。

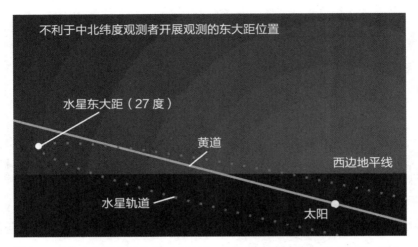

图 6.6 对中北纬度地区的观测者来说，不利观测条件下（水星东大距、傍晚、北半球秋季）的天空景象。

6.6 ┃ 水星的相位以及通过望远镜看到的它的外观

在有利于观测的可见期，我们可以通过望远镜观察到水星，可观测时长最长约持续 5 周。水星是一颗内行星，即使是使用小型望远镜来观察，在相当高的放大倍数下，水星也会显示出一连串的相位变化。

上合时，水星呈现为一个完全被照亮的圆盘——对于普通的业余观测来说，此时水星距离太阳太近了——上合时，水星到地球的距离决定了它的视直径大小。一般来说，水星上合时，其视直径会在 4.7 角秒到 5.1 角秒之间变化。上合之后，随着水星在傍晚的天空中逐渐远离太阳，从地球上看到的它被照亮的部分会逐渐减少，而且，随着它与地球的距离减少，它的视直径也在增加。在水星东大距前一两个星期，或是在水星西大距后一两个星期，水星的亮度会达到最大，此时，从地球上看到的它被照亮的部分大于一半，显得较宽。

水星东大距时，从地球上看，它的一半已经被照亮，其视直径在 6.7 角秒到 8.2 角秒之间。随后，这颗行星的相位逐渐变成了 "新月" 状，其视直径则会增加几角秒，最终，水星接近太阳并到达下合位置，消失在了黄昏的天空中。下合的时候，水星面向地球的那一半是完全不发光的，并且完全无法被观察到，除非在一些罕见的情况下，例如在水星凌日时，我们有可能会看到一个直径在 10 角秒到 12 角秒之间的暗色物体横穿过太阳表面。

下合之后，水星开始朝向太阳的西侧移动，在黎明前的天空中可被观测到。在接下来的几周里，水星被照亮的部分逐渐增多，

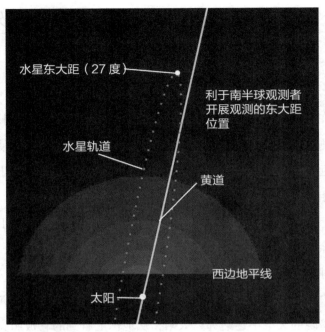

图 6.7 　对于南半球的观测者来说，图示是一个很好的水星东大距时刻（南半球春季的某个傍晚），有利于观测水星。

相位也从"新月"变化到"半月"，再到"凸月"。在有利于观测的西大距期间，当水星与太阳的角距为 15 度时，人们第一次可以在日出前一个多小时就观测到水星，它呈现为一个视直径约为 10 角秒的、狭窄的"新月"状物体。大约两周后，水星到达西大距位置，从地球上看，此时它被照亮的部分占到了一半（东大距时也是如此）。西大距后，随着水星向东移动，重新靠近太阳，它的视直径便渐渐减小，被照亮的部分占比则不断增加。

　　早在水星表面被近距离成像之前，人们就已经通过视觉观察，推断出了许多关于水星表面的真实性质。水星的反照率（描述天体反射太阳光能力的物理量）仅为 0.1——是太阳系所有主要行

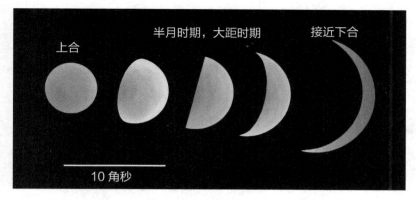

图 6.8　水星的相位变化

星中反照率最低的，与月球的总体反照率相当，可能是由于水星过于靠近太阳，导致其反射的太阳光被太阳本身散发的光芒给抵消了。水星的光度曲线，从其明亮的边缘到终结处（水星被照亮的半球和未被照亮的半球之间的分界线），也与月球的光度曲线相似。在能见度条件极好的情况下，一些观测者通过望远镜观察水星所获得的观测效果，可以与裸眼观察月球的效果相媲美。然而，水星上的区域反照率变化要比月球上的不明显许多，月球上有明显的、边界清晰的暗海，明亮的高地区域，以及分布广泛的熔岩喷出物斑块，而总体来看，水星上的阴影区域很不明显。当水星大距，呈现"半月"相位时，去观察这颗行星明亮部分终结处的阴影，我们会感觉其类似于在白天，或是在有薄雾的傍晚，通过肉眼所看到的上弦月的阴影。

在最有利的观测条件下，通过使用大型仪器进行观察，一些目光敏锐的观测者（其中一些是专业的天文学家）已经沿着水星明亮部分的终结线发现了一些陨石坑。在终结线处，由于照明角度很低，所以能够观察到一些水星地形特征投射出的阴影。虽然只有在特殊情况下才能进行这样的观测，但是，由于类似月球的水星明亮部分终结处阴影的存在，许多水星地形特征也会被掩盖掉，所以，即使是在特殊情况下进行观测，我们也无法观察到这颗没有大气的行星上的地形是何等的崎岖不平。有时，我们会观察到水星的一个或另一个（或两个）尖端（即终结线端点）会显得有些钝或是色调暗淡，这是由于水星明亮部分终结线上的极地地区附近存在着大型撞击区域。

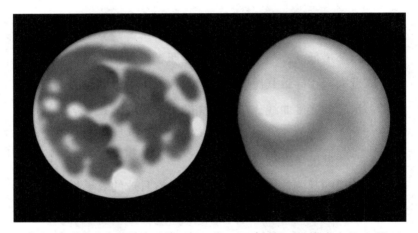

图 6.9　在能见度条件极好的情况下，实际用单眼裸眼观察月球与通过望远镜观察水星的色调对比图。

在观测条件良好的情况下，使用一台 100 毫米的望远镜，将放大率设置为 100 倍，这样便足以在水星大距时辨别出沿着水星明亮部分终结线分布的阴影特征。对于未经训练的观测者来说，他们在水星圆盘上几乎看不到任何明显的特征，而在其他行星，例如火星上，则可以观察到一些明显的特征。

然而，有经验的观察者通常不难分辨出水星发光面上反照率

图 6.10　作者在 2002 年 5 月 3 日使用 127 毫米的马克苏托夫－卡塞格林望远镜观测到的水星。此时水星处于"新月"相位，靠近"新月"中心的黑暗区域是昏暗的负羊者荒野（Solitudo Criophori），而附近较亮的区域是皮埃里亚（Pieria）。我们可以看到，水星北极点附近比南极点附近要略微明亮些。

图 6.11　作者在 1991 年 4 月 3 日使用 100 毫米的折射望远镜观测到的水星。此时水星的南极点特征似乎比北极点更清晰。北半球的黑暗区域代表的是阿芙洛狄忒荒野特征。

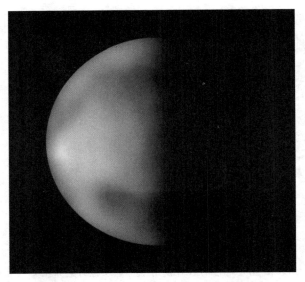

图 6.12　作者在 1991 年 9 月 8 日使用 150 毫米的反射望远镜观测到的水星。明暗分界线下端的黑暗区域是玛尔斯荒野（Solitudo Mars），而靠近边缘的明亮区域是法厄同之地。

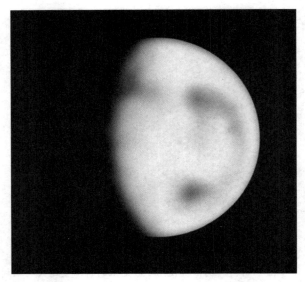

图 6.13　作者在 1998 年 3 月 12 日观测到的水星。沿着明暗分界线北部分布的黑暗区域是阿德梅泰荒野（Solitudo Admetei）。

低的阴影区域。这些阴影区域与水星大部分表面的反射率相对应，但是，如果临时检查对比一番，人们会失望地发现，这些阴影区域与水星上已知的地形特征几乎没有任何相似之处。不过，在其他星球，例如月球上，我们知道所看到的深色区域对应的就是光滑的充满熔岩流物质的大型盆地，而较亮的区域则通常对应的是严重坑洼的高地区域。尽管水星上不同反照率区域所代表的地形特征更加不易察觉，但是它们成像依然足够清晰，因此，国际天文学联合会已经审批通过了一张官方的水星反照率地图以及相关反照率特征的命名，业余观测者可以参考。

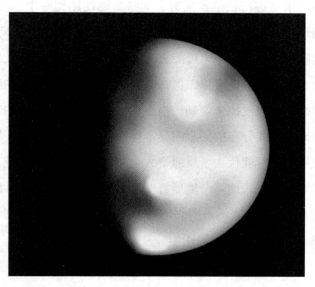

图 6.14　作者于 2007 年 5 月 17 日使用 200 毫米的施密特-卡塞格林望远镜，在 250 倍放大率下所观测到的水星。明暗分界线北端的黑暗区域是阿德梅泰荒野，而南端的黑暗区域则是玛尔斯荒野。北部边缘的昏暗特征位于阿波罗之地地区。

从视觉上看，水星是一颗有两个不同侧面的行星。从90°W~270°W，不论是在北半球还是在南半球，水星表面都有一些大的暗斑，其中比较突出的有北半球的菲尼克斯荒野（Solitudo Phoenicis）和波塞冬荒野（Solitudo Neptuni），以及南半球的阿特拉斯荒野和玛尔斯荒野。在这些地区之间有几个比较明亮的区域，包括波塞冬荒野东部的普勒阿得斯之地以及赤道上的法厄同之地。这颗行星的另一半侧面，从270°W~90°W，包含有更加不易察觉的阴影区域，以及广泛分布的明亮区域，位于北半球的明亮区域有奥罗拉（Aurora）和阿波罗之地，位于南半球的明亮区域有库勒涅（Cyllene）和赫耳墨斯·特里斯墨吉斯忒斯荒野。

在对水星进行铅笔素描时，通常需要使用到一个 50 毫米大小的圆形量尺。首先画出行星的相位，然后再添加行星细节。粗犷、清晰的水星特征不太可能被看到，阴影区域很可能是模糊不清的，所以要轻轻地素描，仅在必要时加深笔墨。较亮的区域可以用虚线配上橡皮擦来勾勒。描绘任何明暗分界线处的阴影以及沿着明暗分界线分布的任意明显不规则特征时，下笔都要轻。这些不规则特征可能代表了反照率大小相似的水星表面区域，也可能是代表了水星表面某一地形特征投下的阴影。强度估计的范围从 0 到 5，其中 0 表示最明亮的特征（如撞击坑及其明亮的喷出物），5 表示最明显的黑暗阴影。

表 6.1　水星的反照率特征列表

1. 阿波罗之地	45°N, 315°W	分布广泛且明亮的反照率特征
2. 奥罗拉	45°N, 90°W	明亮的反照率特征
3. 澳大利亚	73°S, 0°W	反照率特征（下文图中未显示）

4. 玻瑞阿斯	75°N, 0°W	反照率特征（下文图中未显示）
5. 商神权杖	45°N, 135°W	昏暗的反照率特征
6. 库勒涅	41°S, 270°W	明亮的反照率特征
7. 日下点①	40°N, 170°W	昏暗的反照率特征
8. 赫斯珀里得斯	45°S, 355°W	明亮的反照率特征
9. 吕枯耳戈斯之地	45°N, 225°W	明亮的反照率特征
10. 彭透斯之地	5°N, 310°W	明亮的反照率特征
11. 法厄同之地	0°N, 167°W	明亮的反照率特征
12. 皮埃里亚	0°N, 270°W	明亮的反照率特征
13. 普勒阿得斯之地	25°N, 130°W	明亮的反照率特征
14. 阿尔戈斯杀手荒野	10°S, 335°W	昏暗的反照率特征
15. 阿德梅泰荒野	55°N, 90°W	反照率特征
16. 阿拉鲁姆荒野	15°S, 290°W	昏暗的反照率特征
17. 阿芙洛狄忒荒野	25°N, 290°W	昏暗的反照率特征
18. 阿特拉斯荒野	35°S, 210°W	黑暗的反照率特征
19. 负羊者荒野	0°N, 230°W	昏暗的反照率特征
20. 赫利伊荒野	10°S, 180°W	黑暗的反照率特征
21. 赫尔墨斯·特里斯墨吉斯忒斯荒野	45°S, 45°W	大片明亮的反照率特征
22. 荷拉鲁姆荒野	25°N, 115°W	昏暗的反照率特征
23. 朱庇特荒野	0°N, 0°W	黑暗的反照率特征
24. 莱卡翁荒野	0°N, 107°W	反照率特征
25. 迈亚荒野	15°S, 155°W	黑暗的反照率特征
26. 玛尔斯荒野	35°S, 100°W	黑暗的反照率特征
27. 波塞冬荒野	41°S, 225°W	昏暗的反照率特征
28. 菲尼克斯荒野	25°N, 225°W	大片黑暗的反照率特征
29. 普罗米修斯荒野	45°S, 143°W	黑暗的反照率特征
30. 特里克雷纳	0°N, 36°W	昏暗的反照率特征

---

① 日下点（Heliocaminus），原意为"暴露于太阳下的房间"，指的是靠近假设的日下点的水星表面地区，此地名来自安东尼亚迪所绘制的水星地图。

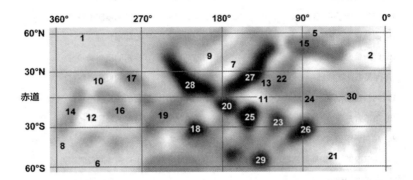

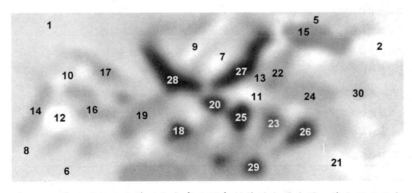

图 6.15　基于国际天文学联合会官方图表制作的水星地图，其上显示了大部分已被命名的反照率特征（图中编号与上述水星的反照率特征列表一一对应）。

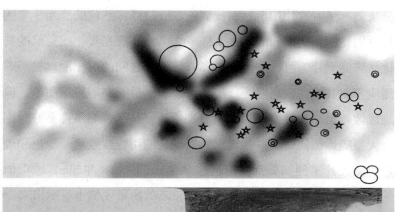

Mercurian incognita

图 6.16 上边是水星的反照率地图，大型撞击盆地（用圆圈表示）和明亮的撞击坑（用星星表示）都被标注了出来；下边是探测器拍摄的水星地形图。已知水星上最大的盆地是卡洛里盆地，图中右边（水星东部）最远处的撞击坑是柯伊伯撞击坑。下边图中"Mercurian incognita"（水星未知区域）地区是仍有待由太空探测器进行详细成像的水星另一半区域。通过比较上下图可以看出，反照率特征标记为我们提供了少量关于"Mercurian incognita"地区地貌特征的线索——那里可能有许多大型盆地和明亮的撞击坑，但似乎可以肯定那里没有黑暗的滨海平原地貌。

彩色滤光片能够在视觉上增强水星的特征。在明亮的黄昏时分观测水星时，使用橙色、浅红色、红色或深红色的滤光片（例如分别使用柯达 Wratten 21、23a、25 和 29 滤光片，或类似的其他品牌滤光片）可以增强行星和背景天空之间的对比度，提高观测质量。其中，橙色滤光片虽然可以提供最明亮的行星图像，但是成像效果却最差，而深红色滤光片最好是在观测条件良好时配合大型望远镜使用。一些观察者发现，使用紫罗兰色、绿色和浅蓝色滤光片（例如分别使用柯达 Wratten 47、68 和 80a，或类似的其他品牌滤光片）可以有效地将较暗的阴影区域也显示出来。

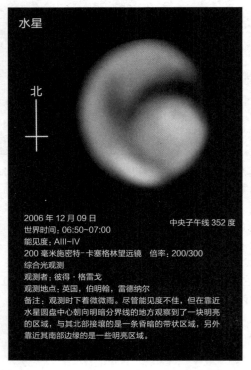

图 6.17　一幅完成了的水星观测绘图示例。该图对应的行星观测日期是 2006 年 12 月 9 日。

表 6.2　水星大距日期（2009—2019 年）

水星大距	日期	到太阳的角距
东大距	2009年1月4日	19.2°
西大距	2009年2月13日	26.3°
东大距	2009年4月26日	20.2°
西大距	2009年6月13日	23.2°
东大距	2009年8月24日	27.3°
西大距	2009年10月6日	17.2°
东大距	2009年12月18日	20.2°
西大距	2010年1月27日	24.2°
东大距	2010年4月8日	19.2°
西大距	2010年5月26日	25.3°
东大距	2010年8月7日	27.3°
西大距	2010年9月19日	17.2°
东大距	2010年12月1日	21.2°
西大距	2011年1月9日	23.2°
东大距	2011年3月23日	18.2°
西大距	2011年5月7日	26.3°
东大距	2011年7月20日	26.3°
西大距	2011年9月3日	18.2°
东大距	2011年11月14日	22.2°
西大距	2011年12月23日	21.2°
东大距	2012年3月5日	18.2°
西大距	2012年4月18日	27.3°
东大距	2012年7月1日	25.3°
西大距	2012年8月16日	18.2°
东大距	2012年10月26日	24.2°
西大距	2012年12月4日	20.2°
东大距	2013年2月16日	18.2°
西大距	2013年3月31日	27.3°
东大距	2013年6月12日	24.2°
西大距	2013年7月30日	19.2°
东大距	2013年10月9日	25.3°
西大距	2013年11月18日	19.2°
东大距	2014年1月31日	18.2°
西大距	2014年3月14日	27.3°
东大距	2014年5月25日	22.2°

水星大距	日期	到太阳的角距
西大距	2014年7月12日	20.2°
东大距	2014年9月21日	26.3°
西大距	2014年11月1日	18.2°
东大距	2015年1月14日	18.2°
西大距	2015年2月24日	26.3°
东大距	2015年5月7日	21.2°
西大距	2015年6月24日	22.2°
东大距	2015年9月4日	27.3°
西大距	2015年10月16日	18.2°
东大距	2015年12月29日	19.2°
西大距	2016年2月7日	25.3°
东大距	2016年4月18日	19.2°
西大距	2016年6月5日	24.2°
东大距	2016年8月16日	27.3°
西大距	2016年9月28日	17.2°
东大距	2016年12月11日	20.2°
西大距	2017年1月19日	24.2°
东大距	2017年4月1日	19.2°
西大距	2017年5月17日	25.3°
东大距	2017年7月30日	27.3°
西大距	2017年9月12日	17.2°
东大距	2017年11月24日	22.2°
西大距	2018年1月1日	22.2°
东大距	2018年3月15日	18.2°
西大距	2018年4月29日	27.3°
东大距	2018年7月12日	26.3°
西大距	2018年8月26日	18.2°
东大距	2018年11月6日	23.2°
西大距	2018年12月15日	21.2°
东大距	2019年2月27日	18.2°
西大距	2019年4月11日	27.3°
东大距	2019年6月23日	25.3°
西大距	2019年8月9日	19.2°
东大距	2019年10月20日	24.2°
西大距	2019年11月28日	20.2°

6.7 ▌频闪效应

    正如我们前面所指出的，并不是所有的水星大距时期都是有利于观测的——在水星大距时期，最佳的观测时间是在太阳落山后或日出前，而具体时间和季节则取决于观测者在地球上的位置以及观测水星时的年份。正因为如此，挑选最佳观测时间展开水星观测的观测者们对行星表面成像结果的看法与实际情况之间自然存在着偏差。在水星大距时期连续几次观测水星的过程中，观察者们会看到基本相同经度区域的水星表面，故而会误以为水星近乎静止不动，这种错觉被称为"频闪效应"。曾几何时，频闪效应使得观察者们错误地推断出水星处于被捕获的自转状态，在它绕日公转的过程中，始终将同一面朝向太阳。不过，频闪效应只能在两到三年的时间内误导观察者——最终，轨道动力学会将其纠正，使得专业的观测者可以在更长的时间内观测到整个行星表面，即使每次观测仍然只在最佳观测时间内进行。

6.8 水星凌日

　　水星的会合周期——下合之间的间隔——大约是 116 天。然而，水星的绕日公转轨道与黄道面间有大约 7 度的夹角，所以，下合时水星通常在太阳的北部或南部远处掠过。当水星直接穿过太阳和地球的连线时，就会发生凌日。在 20 世纪，水星凌日至少发生了 14 次。综合分析水星和地球绕日公转轨道，我们发现水星凌日现象只会在 5 月和 11 月发生。5 月的水星凌日每 13 年、33 年发生一次，而 11 月的水星凌日每 7 年、13 年、33 年发生一次。由于水星在 5 月凌日期间离地球更近，所以，它看起来像是一个黑色的圆盘，视直径达到约 12 角秒，而在 11 月凌日期间，水星圆盘的视直径只有 10 角秒。尽管如此，不论是在 5 月还是在 11 月，水星圆盘都还是太小了，无法用肉眼看到；要想安全地看到它，需要有一台装有全孔径太阳滤光片的望远镜，或者是将水星凌日图像投射到有遮挡的白色卡纸上。

　　从水星第一次出现在太阳边缘——看上去像是在太阳边缘形成了一个微小的压痕（第一次接触后）——到完全进入太阳（第二次接触）可能只需要两分钟，具体时长取决于它最初接近太阳边缘时的位置。过去，一些观测者声称有一种所谓的"黑水滴"效应，即在第二次接触后，水星看起来会短暂地附着在太阳边缘一小会儿。之所以产生这样的观测效果，应该是由地球大气层的视宁度和仪器自身的光学特性共同作用造成的。因为水星缺少一个像金星那样厚重的、高折射率的大气层，所以，金星凌日时可以观察到的迷人景象在水星凌日时都不可见。根据行星相对于太

利于北纬地区观测者开展观测的大距时期

| 东大距 | 西大距 |

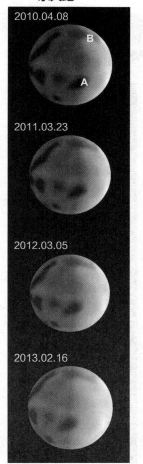

图 6.18 图中显示了 2010 年至 2017 年间，在每个有利于观测的东大距（左栏）和西大距（右栏）时期，从地球北半球看到的水星图像。为清晰起见，图中也显示了未被照亮的半球内的特征。在水星大距时期连续几次观测水星的过程中，可以清楚地观察到频闪效应。（图片续下页）

符号说明：

A 代表马尔斯荒野特征   D 代表彭透斯之地特征

B 代表阿德梅泰荒野特征   E 代表负羊者荒野特征

C 代表阿芙洛狄忒荒野特征   F 代表波塞冬荒野特征

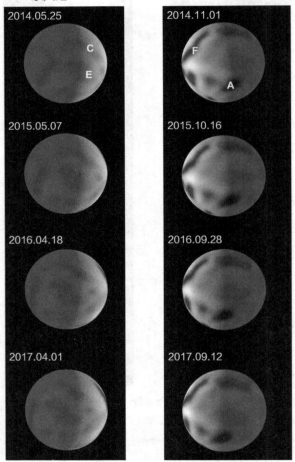

利于北纬地区观测者开展观测的大距时期

东大距　　　　　　　　　　　　西大距

2014.05.25　　　　　　　　　　2014.11.01

2015.05.07　　　　　　　　　　2015.10.16

2016.04.18　　　　　　　　　　2016.09.28

2017.04.01　　　　　　　　　　2017.09.12

（图片续自上页）

阳圆盘的运动轨迹所勾勒出的"弦"的长短，水星凌日现象可以持续几分钟（在太阳边缘掠过）到四个多小时。

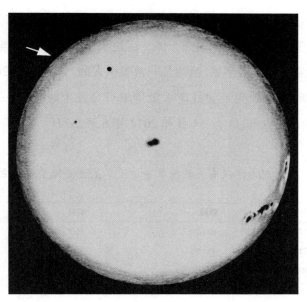

图 6.19　2003 年 5 月 7 日的水星凌日现象

表 6.3　水星凌日时刻[①]

日期	时间 （凌日中点，世界时）	凌日时长
2016年5月9日	14：57	7小时30分钟
2019年11月11日	15：20	5小时29分钟
2032年11月13日	08：58	4小时26分钟

---

① 本书写于 2007 年，因此文中作者对一些天文现象的时间推测涉及已经过去的 2009—2019 年，特此说明。

6.9 掩 星

水星遮挡住了其他明亮天体，或是水星被月球所遮挡，这些天文景象虽然非常罕见，但却是非常吸引人的。从现在到2019年，站在地球上能观测到的月掩水星景象只会发生两次——它们分别发生在2012年11月14日和2014年6月26日。

表 6.4　21世纪与水星有关的掩星事件（水星遮掩恒星或其他行星）

日期	时间	事件
2052年11月10日	07：20	水星遮掩氐宿一[①]
2067年7月15日	11：56	水星遮掩海王星
2079年8月11日	01：30	水星遮掩火星
2088年10月27日	13：43	水星遮掩木星
2094年4月7日	10：48	水星遮掩木星

---

① 氐宿一（Zuben-el-genubi），即天秤座 α 星，它是一颗分光双星，是天秤座第二亮的恒星，亮度仅次于氐宿四（Zuben-eschamali，天秤座 β 星）。

第七章

观测金星

7.1 ┃灿烂的晨昏之星

　　金星是第二个距离太阳较近的主要行星。自从人类第一次带着好奇心仰望天空以来，金星就被人们视为一颗"游星"[①]，规律性地出现在早晨或傍晚时分的天空中，像是一颗很明亮的"恒星"，十分光彩夺目，最高视星等达到了 −4.6，比其他所有行星和恒星的视星等都要高。金星的亮度仅次于太阳和月亮（以及偶尔出现的明亮流星），以至于单独用它的光（除去其他星星的光）去照亮一个场景时，都能够使物体投下清晰可辨的阴影。在傍晚或早晨的天空中，金星是一个特别耀眼的存在，因此常常会吸引非天文学家们的注意，他们其中一些人把金星想象成一个距离我们相对较近的、会发光的空中物体。金星散发着稳定而明亮的白色光，即使是处在地平线附近相当低的位置，金星也可能不会因为受到大气湍流影响而闪烁。

---

①　游星（wandering star），意即"游走的星星"。

7.2 可见期

　　为了了解典型的金星可见状态，让我们一起来看看金星是如何环绕太阳一整圈的（从地球上看）。从上合开始，经过东大距、下合、西大距，最后再次上合，金星便环绕了太阳一整圈。

　　上合时，金星距离地球最远，处在其绕日公转轨道的远侧，距离我们约 5.25 亿千米。此时，金星看起来像是一个完全被照亮的圆盘，视直径约为 9.7 角秒，但这对于实地业余观测来说并不容易，因为它离太阳发出的强光实在太近了，而且事实上，金星上合时偶尔会恰好移动到太阳的后面，导致无法从地球上观测到。视角效应意味着，金星和太阳之间的平均角距在上合时比在下合时要小得多。因此，虽然我们在上合附近不太可能观测到金星，但是对于有经验的观测者来说，他们往往会选择在下合附近，即当金星呈现为一个狭窄的"新月"相位时（见下文），去观测这颗行星。

　　上合后，历经两个月，金星便已经充分远离太阳的强光，处在太阳东侧，此时，我们可以在黄昏的天空中用肉眼观测到金星，其亮度大约为 -3.8 星等。与此同时，它的视直径增大到约 10 角秒，但看上去并不比上合时大多少。由于此时金星呈现为"凸月"相位，被照亮的部分占比高，所以，人们通过小型望远镜，例如 60 毫米的折射望远镜，在 100 倍的放大率下，便足以辨别出金星及其相位。此后，金星继续向东移动，视直径缓慢增长，而被照亮的部分占比则持续减少。

　　金星需要大约 7 个月的时间才能到达东大距位置，此时，金星距离太阳的角距在45度到47度之间——这几乎是水星大距时距离太阳的角距的两倍。这样的角距大小，对于行星观测来说是足够大的，在金星大距时期日落后的几个小时里，我们都可以在完全黑暗的夜空中看到这颗行星。金星东大距时，其亮度约为−4.2星等，呈现为一个视直径约为25角秒的半圆盘。

在春季金星东大距时期，站在地球中北纬度地区观测金星是最有利的。日落时，金星可高出西边地平线40度，在逐渐变暗的夜空中可被持续观测长达4个多小时。对于住在北温带地区的观测者来说，在秋季金星东大距时期观测金星是不利的，因为此时金星落日连线和地平线构成的夹角最小。在这种情况下，日落时，金星可能在西南地平线以上不到10度。在如此低的高度上，我们通过望远镜所观察到的金星的图像，其质量很容易因为受到大气湍流影响而降低。

金星向西返回、靠近太阳的旅程，要比其向外远离太阳的旅程快得多。从东大距到下合，大约只需要十周左右的时间。虽然东大距后，这颗行星的相位逐渐从"半月"变成了越来越窄的"新月"，但是它的视直径却在持续增长。在下合前五周左右，即当金星在太阳以东并且到太阳的角距为39度左右时，金星达到了它在夜空中的最大亮度——−4.6星等。通过望远镜，我们可以观察到金星呈现月牙状，被照亮的部分占比略高于25%，视直径约为40角秒。

当金星位于太阳和地球之间时，就会发生下合。但这三个天体之间的精确对准（位于同一条直线上）甚至比太阳、水星、地球的精确对准更为罕见，因此，金星掠过太阳表面（金星凌日）是天文学最期待的事件之一（见下文）。大多数情况下，下合时金星会在太阳的北面或南面相当远处经过。

下合后，金星迅速移向太阳的西侧，出现在黎明前的天空中。在有利于观测的情况下，人们便可以在下合后几周内通过肉眼发现金星，日出前它将出现在东方天空中的低矮处。下合后约五周，当金星位于太阳以东 39 度左右时，其亮度达到最高，为 −4.3 星等，被照亮的部分超过了 1/4。下合后十周左右，金星到达西大距位置，与太阳的角距在 45 度到 47 度之间，此时它处于"半月"相位，视直径约为 25 角秒。居住在北温带地区的观测者们发现，秋季西大距的时候观测金星是最有利的，因为那时金星比太阳早五个小时升到东方地平线以上。单从观测的角度来看，春季西大距时观测金星的效果是最差的，因为黎明前在东南地平线上我们

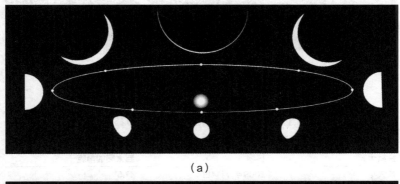

（a）

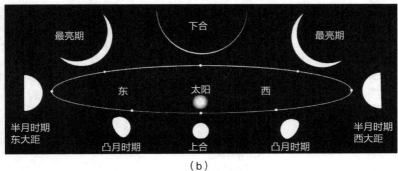

（b）

图 7.1　金星的绕日公转运动示意图。图中显示了金星的相位与视直径（按比例绘制）变化过程。

几乎看不到金星。西大距后，金星大约需要七个月的时间才能再次回到上合点，在此期间，从地球上看，金星被照亮的部分会逐渐增多，呈现为"凸月"相位，而其视直径则在向东朝着太阳靠近的过程中逐渐变小。两次上合之间的平均时间间隔为584天。

图 7.2　金星的相位

表 7.1　金星大距日期（2009—2025 年）

金星大距	日期	到太阳的角距
东大距	2009年1月14日	47.5°
西大距	2009年6月5日	45.5°
东大距	2010年8月20日	46.5°
西大距	2011年1月8日	47.5°
东大距	2012年3月27日	46.5°
西大距	2012年8月15日	45.5°
东大距	2013年11月1日	47.5°
西大距	2014年3月22日	46.5°
东大距	2015年6月6日	45.5°
西大距	2015年10月26日	46.5°
东大距	2017年1月12日	47.5°
西大距	2017年6月3日	45.5°
东大距	2018年8月17日	45.5°
西大距	2019年1月6日	47.5°

金星大距	日期	到太阳的角距
东大距	2020年3月24日	46.1°
西大距	2020年8月13日	45.8°
东大距	2021年10月29日	47.0°
西大距	2022年3月20日	46.6°
东大距	2023年6月4日	45.4°
西大距	2023年10月23日	46.4°
东大距	2025年1月10日	47.2°
西大距	2025年6月1日	45.9°

表 7.2 金星下合日期（2009—2025 年）

日期	到太阳的角距
2009年3月28日	8°（位于太阳北部）
2010年10月29日	6°（位于太阳南部）
2012年6月6日	凌日
2014年1月11日	5°（位于太阳北部）
2015年8月15日	8°（位于太阳南部）
2017年3月25日	8°（位于太阳北部）
2018年10月26日	6°（位于太阳南部）
2020年6月3日	0.5°（位于太阳北部）
2022月1月9日	4.9°（位于太阳北部）
2023月8月13日	7.7°（位于太阳南部）
2025年3月23日	8.4°（位于太阳北部）

7.3 | 在白天裸眼观测金星

日全食是自然界中最令人敬畏的景象之一，日全食时，我们可以在白天观测到金星（以及水星，当行星亮度足够时即可），虽然这样观测通常看来有些危险。日全食是短暂的——太阳圆盘被月亮完全遮住的时长从不曾超过 7 分 40 秒。日全食发生时，世界陷入奇异的黑暗中，此时，较亮的恒星和行星便很容易被观测到，其中一些恒星和行星也许是由于离太阳太近，因而被嵌入到了珍珠色的日冕（即太阳的外层大气）流光中。我们可以在下列日全食期间观测水星和金星。

表 7.3　日全食期间水星和金星的位置和亮度

发生日食的日期	水星位置和亮度	金星位置和亮度
2009年7月22日	太阳东部9°，-1.2星等	太阳西部40°，-4.0星等
2010年7月11日	太阳东部15°，-0.8星等	太阳东部42°，-4.1星等
2012年11月13日	太阳东部9°，2.9星等	太阳西部32°，-4.0星等
2015年3月20日	太阳西部18°，-0.4星等	太阳东部34°，-4.0星等
2016年3月9日	太阳西部12°，-0.7星等	太阳西部23°，-3.9星等
2017年8月21日	太阳东部10°，3.4星等	太阳西部34°，-4.0星等
2019年7月2日	太阳东部23°，1.3星等	太阳西部12°，-3.9星等
2020年12月14日	太阳西部3.2°，-1.0星等	太阳西部24.4°，-3.8星等
2021年12月4日	太阳东部3.1°，-1.0星等	太阳东部40.0°，-4.6星等
2024年4月8日	太阳东部6.1°，4.4星等	太阳西部15.0°，-3.8星等

抛开日全食不谈，在没有光学设备辅助的情况下，白天观看金星最简单的方法是，在黎明前找到金星，并在日出后尽可能长时间地将金星保持在视线内。在有利于观测的金星大距期间，如果天空清澈透明，那么我们可以设法使太阳被前景物体（如附近的建筑物）遮挡，并调整视线，使金星与某个参考物体（如树枝）在一条直线上，这样就可以将金星保持在视野内。

在一个晴朗的、没有雾霾的白天，我们仅凭肉眼就可以分辨出天空中的金星。不幸的是，这种良好的观测条件很少出现在容易产生雾霾的城市地区，以及天空经常被飞机尾翼气流所遮蔽的其他地区。为了更好地在白天用肉眼找到金星，必须设法遮挡住太阳，我们可以找一个合适的附近物体来遮蔽太阳，例如屋顶的边缘或建筑物的侧面；或者，选择一个适当的观测时间——当金星在天空中的位置较高，而太阳恰好被远处的景观特征（例如山峰）所遮挡的时候。当然，做到这一点的前提是知道金星的大致位置以及它与太阳的角距，而要获取金星的位置和它与太阳的角距，就需使用到安装在电脑上的天文应用程序，即使是最基础的天文应用程序，也能在此刻发挥其价值，帮助我们获得相关信息。

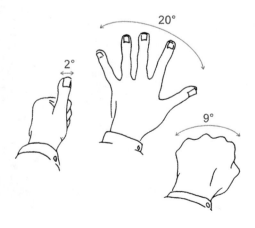

图 7.3　可以用手来估计天空中天体之间的角距。金星大距时，它与太阳的角距超过了两只完全张开的手掌的宽度。

当我们凝视着一片平淡无奇的天空时，眼睛便无法在远处找到可以聚焦的参照物，这意味着试图在明亮的天空中找到一点儿金星的微弱光线可能是一项挑战。一个搜寻金星的有用技巧是，首先扫描远处的地平线，然后迅速将目光转向金星所在的天空区域。由于眼睛会短暂地保持其焦距，所以，观测者找到这颗行星的机会便会增加。

7.4 ▎用双筒望远镜观测金星

　　双筒望远镜是很好的观星工具，我们可以通过其广角镜头来观察金星及其周围的星星，金星与其他行星的近距离接触现象和"金星犯月"等天文景观。当金星的视直径大于 40 角秒时，我们使用一副稳定的、安装固定好的大型高倍率双筒望远镜，例如一副 15×70 的双筒望远镜，便正好能够观测到金星的"新月"相位。

　　当太阳在金星附近时，我们在任何情况下都不应该试图用双筒望远镜搜寻和观测金星。因为太阳光被双筒望远镜汇聚后十分强烈，即使我们的眼睛只是非常短暂地看了一下太阳，敏感的视网膜也会受到损伤，并可能导致我们永久丧失视力。如果需要在白天使用双筒望远镜搜寻金星，那么，最好是在天空晴朗湛蓝，并且在地平线上可以清晰地看到远处的物体时进行。空气污染和大气雾霾会降低金星的亮度，使其更难被搜寻到。搜寻金星时，最好的天体参照物之一是月球，当月球在地平线以上时，我们可以在白天的天空中很轻松地找到它。每个农历月，月球都会在金星一个手掌大小的角距内经过，月球与金星的角距通常只有几个月球视直径大小。天文计算机程序或《天文学年鉴》能够帮助观测者准确地找出白天某一时刻金星与月球的位置关系，从而帮助我们更容易地搜寻到金星，只要在月球附近扫视一遍即可。

图 7.4　2007 年 6 月 30 日，通过高倍率双筒望远镜看到的金星与土星近距离接触现象，二者角距为 1 度。

7.5 用普通望远镜观测金星

通过普通望远镜观测金星，它那耀眼的光芒会让人眼花缭乱，以至于我们最初很难察觉到这颗行星的相位，更不用说观察到某些可能存在的、模糊的金星大气细节了。金星的眩光能够产生一些相当壮观的特殊效果，但在实际观测中我们完全不需要这些效果。经济型折射望远镜可能会显示出金星被彩色的边缘所包围，这是由色差所引起的，使用某些类型的目镜可能会产生内部反射和重影。另一种被称为"辐射"的效果也是我们所不想要的，因为它会导致亮度差异很大的区域之间的模糊，但即使是使用最好的光学仪器，我们也会观测到金星的"辐射"。辐射来源可以是观测者的眼睛，也可以是大气湍流。减少金星眩光的一个方法是选择合适的观测时机——当金星处在明亮的黄昏天空中的高处，或是在白天时，适合开展观测。

7.6 白天通过望远镜确定金星的位置

　　白天，在金星绕日公转的大部分时间里，我们都可以通过望远镜观察到它。只有在上合附近两周左右，金星才会被完全隐藏起来。业余天文爱好者很难发现它，因为此时它距离太阳太近了——上合时，金星到太阳的角距从不曾超过 2 度。在金星下合的时候，它会出现在太阳的北部或南部，二者角距达到 8 度，这种情况下，我们是有可能通过望远镜定位到金星的。

　　白天通过望远镜搜寻和观测金星时，操作不当可能会对眼睛造成伤害，为了防止这种情况的发生，我们必须特别小心，以防意外地观看到未经过滤的太阳图像。

　　使用一台正确放置的机控望远镜，我们便可以比较轻松地在白天的天空中找到金星。在白天寻找金星的传统方法是，使用一台对准极轴的赤道仪，通过调整赤道仪将北极星精确地导入极轴镜中的圆圈内。观测金星时，首先要在望远镜中将太阳居中。为了做到这一点，大多数观测者会在他们的主镜筒、寻星镜以及目镜上盖上盖子，采用阴影法或其他任何可以很好地指向太阳的安全装置，来将仪器对准太阳。在记下观测时的太阳坐标后（通过查阅星历或天文计算机程序），将这些坐标输入望远镜的赤经和赤纬设置圆圈中，并启动驱动装置，机控望远镜便开始根据我们的设置自动对准太阳。对准太阳后，观测者便可以将望远镜移动到适当的位置，取下盖子，开始通过目镜进行扫视。

　　扫视搜寻金星时，我们可以使用一个非常有用的配件——低倍率、宽视场的目镜，它的光学平面上固定着一个不透明的小指针。首先，通过对一个远处的物体进行聚焦来校准目镜；而后，当我们扫过平淡无奇的天空时，由于目镜内部小指针的存在，我们眼睛的焦距就会精确无误地保持不变。此外，可以使用一个橙色的滤镜片来增加金星和背景天空之间的对比度，一旦发现金星，我们便可以换用更高的放大倍数来仔细观察这颗行星。使用橙色和红色的滤光片，有助于提高对比度和改善清晰度，使我们看到更多细微的云层细节。当金星接近下合时，它会呈现为一个薄如蝉翼的"新月"，其视直径大得惊人，约为 60 角秒，是月球视直径的 1/30。在这个阶段，我们有可能会看到金星的"新月"尖角围绕金星轮廓延伸了一段距离，这是由金星大气层内的太阳光散射造成的。在下合期附近，金星一端的"新月"尖角实际上延伸到了另一端，形成了一个奇异的"环形"相位。

7.7 金星的夜间观测

大多数观测者选择在黄昏或夜晚的时候观测金星，主要是因为这个时候观测金星很方便——黄昏或夜晚的金星非常明亮，根本不需要花时间去搜寻它的位置。在夜间观察金星有一个主要的缺点，即它所发出的光亮是一种眩光，很容易掩盖掉细微的金星云层细节。使用可变密度偏振滤光片能够减少这种眩光，提高金星微弱特征的可见度。夜间观测金星的另一个缺点是，金星在夜空中的高度相对较低——即使在金星大距时期，它在黑暗天空中的高度角也不曾超过 30 度。

一般建议，如果可能的话，应该在金星高于地平线 20 度以上的时候进行观测，因为这时它受到黑暗以及地球大气湍流的影响较小。对于生活在北半球或南半球温带地区的观测者来说，在黄昏或夜晚的时候观测金星是非常不利的，甚至在金星大距时期，从这些地区所看到的金星在黑暗天空中的高度角也低于 20 度。对于中北纬度的观测者来说，秋季金星东大距和春季金星西大距时期，不利于观测金星；而对于中南纬度的观测者来说，秋季金星西大距和春季金星东大距时期，不利于观测金星。

7.8 ￨ 金星的云层图样

在金星上层大气中，存在一股大约以每小时 360 千米的速度运动的恒定高速风，它驱动着这颗行星周围的云层。从金星赤道到两极，风速逐渐下降，形成了周期为四或五天的均匀的大气旋转现象。即使是使用小到 100 毫米的望远镜，我们也可以观察到金星上层大气的旋转现象。在金星东大距期间，云层特征似乎是从明亮的边缘转动到明暗分界线处；而在金星西大距期间，云层特征开始是出现在明暗分界线处，而后经过金星圆盘被带到了明亮的边缘。如果在观测条件良好的情况下对金星进行仔细的观察，那么，我们便可以在几个小时内发现金星大气的漂移运动。

一些观测者发现，他们之所以比其他人更容易辨别出金星上层大气特征，并不是因为他们的视觉更敏锐，而是因为他们的视网膜对紫外线更敏感。在紫外波长下，金星的云层特征最容易被观测到（更多相关信息参见第四章中的"紫外线敏感度与金星的云层特征"小节）。为了提高金星云层特征的可见度，我们可以借助蓝色（例如柯达 Wratten 38A）、紫色（例如柯达 Wratten 47）以及黄色（例如柯达 Wratten 12 或 15）滤光片。通常情况下，金星的外观是模糊斑驳的，很难在手绘观测图上将其准确地描绘出来。

与观测天文学的其他分支一样，金星观测者们也需要仔细端详所看到的物体，并熟悉它的外观，而且也许每次都要进行仔细的观察绘图，切不可奢望粗略一瞥望远镜目镜就能看到各种明显的金星特征。当金星处于东大距前或西大距后的"凸月"相位时，其云层特征是最容易被观测到的。

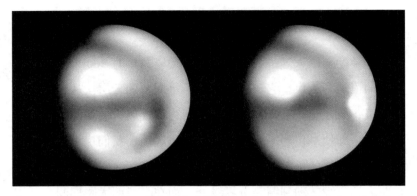

图 7.5　作者在 1996 年 2 月 3 日晚观察到的金星云层的明显变化。观测是在日落之后进行的，两次观测相隔了两个小时，图中显示了主要金星云层特征的形状和强度的细微变化。

金星上最突出的昏暗特征通常出现在明暗分界线附近，该昏暗特征从那里延伸和消退，有时则向金星两极弯曲。我们有时可以看到一个明显的"Y"形云层图案，它从明暗分界线向金星边缘延伸，横跨了金星赤道区域。经常可以看到与明亮的金星极地区域接壤的暗圈特征，这给人的印象是"金星似乎和火星一样拥有明亮的极地冰盖"。

确定金星相位的方法有多种。最准确的方法是，使用带有刻度的测微目镜来测量行星的直径以及它被照亮部分的最宽宽度，然后将后者除以前者来推导出相位。或者，可以将观测到的金星相位，与一组预先绘制的、显示了各种已知金星相位的图形进行比较，来估计相位。最不准确的方法是，仅用肉眼测量通过目镜观察绘制出的图形来估计相位。

（a）

（b）

图 7.6　作者自制的一个带有十字线目镜的测微仪，可以用于准确确定金星的相位和相位角。

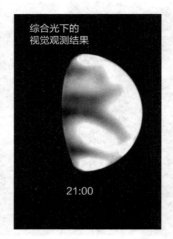

图 7.7 2007 年 5 月 5 日，在综合光下对金星进行视觉观测的结果。

7.9 金星的异常现象

施罗德效应

人们预测的金星一半被照亮（"半月"相位）的日期，并不总是与实际观测相吻合。当金星位于太阳的东边时，我们有时会比预测日期早一些观察到"半月"相位；而当金星位于太阳的西边时，我们有时会比预测日期晚一些观察到"半月"相位。这种相位异常现象，被称为"施罗德效应"，以19世纪初注意到它的月球和行星观测者约翰·施罗德的名字命名。施罗德效应是由太阳光沿着金星的明暗分界线散射造成的，太阳光散射的影响在靠近行星边缘的地方更为明显，在那里我们的视线可以穿透较厚的金星大气层。

灰　光

当金星处于"新月"相位时，如果在夜间观测金星，那么我们可能会观察到金星的暗面偶尔会显示出微弱的光亮。这种微弱的光亮被称为"灰光"，它并不总是均匀分布的，有时是零星的、斑驳的。通过目镜内的遮光条将金星的明亮部分遮挡后，我们便可以在金星的黑暗部分看到这种微弱的光亮，因此，毫无疑问，灰光是真实存在的，并不是一种光学幻象。虽然这种奇怪的现象难以解释，但是最近还是出现了一些关于其形成原因的理论，包括"灰光是金星高温表面散发的实际光芒"，以及"金星大气层

中的闪电造就了灰光"。另一个现象——反灰光，即"白天观测
金星时，金星未被照亮的半球看起来比背景天空更暗"，则有可
能是一种光学幻象。

图 7.8　一幅夸张的、"新月"相位期间的金星观测图像，灰暗的光线似乎
微弱地照亮了金星的夜面。

7.10 轮廓异常

金星明暗分界线上的昏暗区域曝光不足，我们经常可以在金星观测图像上发现沿着明暗分界线分布的不规则特征。由于人眼的视觉动态范围远远大于感光乳剂[①]，甚至大于 CCD 芯片，所以，沿着明暗分界线分布的阴影特征的密度和梯度变化在许多金星观测图像中都很明显，但在肉眼观察时却经常不太明显。然而，明暗分界线处黑暗特征和（或）明亮特征的组合，会使得明暗分界线的曲率变得明显不均匀，从而导致明暗分界线上产生投影，或导致明暗分界线两端变暗或变钝。有时，金星明暗分界线南北两端似乎具有不同的曲率——在"半月"相位时期，金星明暗分界线南端有时比北端更钝。我们时不时可以观察到金星明暗分界线上存在异常的明亮末端延伸，以及沿着末端本身的投影——这两种情况都可能是由金星的大气活动造成的。

记录金星图像

金星的手绘观测图是在一个直径为 50 毫米的圆形空白纸张上绘制的。由于金星云层特征通常非常细微，并且处于能见度的极限，所以，我们通常很难避免将云层特征的色调变化画得有些

---

① 感光乳剂（photographic emulsion）又称"照相乳剂"，是指一种具有感光性质的涂料，通常由溴化银和明胶组成，其中的溴化银主要起感光作用。

夸张。云层特征的强度估计可以记录在一张简单的线条图上，与观测草图搭配使用。强度估计的尺度从 0 到 5，0 代表极其明亮的特征，2 代表金星圆盘上的主要色调（亮度一般），5 代表异常暗的阴影特征。

7.11 ▎金星凌日

下合时，金星移动到了太阳和地球之间，当这三个天体恰好处在一条直线上的时候，我们便可以观察到金星凌日——此时，金星呈现为一个完全黑色的圆形阴影，从太阳圆盘上掠过。发生金星凌日的时间间隔规律通常是 8 年、121.5 年、8 年、105.5 年……以此循环。自从 17 世纪初人类发明了望远镜以来，金星凌日只发生过 7 次，其中第一次是在 1639 年，人们通过望远镜在英国观察到了金星凌日的过程。21 世纪第一次金星凌日发生在 2004 年 6 月 8 日，它是历史上获得最广泛关注的天文事件之一，欧洲和亚洲大部分地区都可以观测到那次金星凌日的全过程。对于生活在北美东部和南美大部分地区的观测者来说，那次当太阳升起时，金星便已经在太阳圆盘上了；而对于日本和澳大利亚的观测者来说，日落时分金星凌日过程仍在进行。21 世纪另外一次金星凌日发生在 2012 年 6 月 6 日。此后的两次金星凌日，则将分别发生在 2117 年和 2125 年。

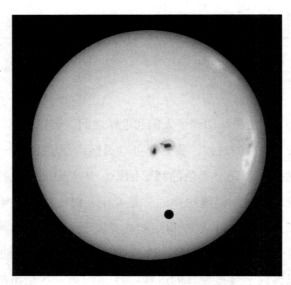

图 7.9　2004 年，作者使用 200 毫米的施密特－卡塞格林望远镜和全孔径玻璃太阳滤光片观察到的金星凌日现象。

7.12 ┃ 佩戴防护眼镜观测

　　虽然金星视面积只占太阳视面积的 1/1000，但是它仍然很大——视直径有 1 角分——只要使用适当的太阳滤光片，做好安全防护，使眼睛不受阳光直射，视力敏锐的人就可以看到它。

　　使用普通的遮阳镜、焊工护目镜以及夹心相机负片都是非常不安全的，不应该使用。可以使用特制的日食眼罩——有时被称为日食"眼镜"，尽管这种眼罩没有玻璃镜片，也不具备放大功能，但有一层厚厚的镀铝聚酯薄膜，可以防止太阳的大部分光、热和紫外线辐射通过反射到达眼睛。使用特制的日食眼罩可帮助我们对太阳进行短暂而安全的观察。但在任何情况下，都不应该把这种防护眼罩当作滤光片，佩戴上它后便通过望远镜的目镜观察太阳——因为被聚焦放大的太阳能量会迅速烧穿防护眼镜，造成眼睛的永久性损伤，甚至导致失明。套在望远镜目镜上的滤光片也绝不能使用——因为它们会迅速升温并碎裂，最终造成灾难性的后果。只有两种安全的方法可以通过望远镜观察太阳——一是将太阳圆盘小心翼翼地投射到有遮挡的白色卡片上，二是使用安全的镀铝聚酯薄膜或玻璃滤光片进行全孔径过滤。

7.13 氢阿尔法[①]波段下观测

在氢阿尔法（H-α）波段下，太阳的炙热色球层是可见的。由于色球层位于光球层（在正常白光下可见的太阳主体）之外，所以，在氢阿尔法波段下观看金星凌日现象的观测者，有可能会在金星圆盘与太阳第一次接触之前就分辨出金星。在金星与太阳的色球层边缘接触之前的一段时间内，我们可以在弥漫的氢阿尔法光（或其他更明显的太阳特征，例如日珥）中看到金星的轮廓。金星第一次接触（以及最后一次接触）色球层边缘和光球层边缘的时间间隔，有数分钟之久。

---

① 氢阿尔法是指氢原子的一条谱线，波长为 656.281 纳米，位于可见光的红光范围内。

7.14 金星掩星

  金星遮掩其他明亮星体的事件是极其罕见的。下表列出了 21 世纪将会发生的金星遮掩明亮恒星或是其他行星的事件。

表 7.4 21 世纪与金星有关的掩星事件（金星遮掩恒星或其他行星）

日期	时间	事件
2035年2月17日	15：19	金星遮掩人马座π星
2044年10月1日	22：00	金星遮掩轩辕十四①
2046年2月23日	19：24	金星遮掩人马座ρ1星
2065年11月22日	12：45	金星遮掩木星（金星掩木）

---

① 轩辕十四（Regulus），亦称"狮子座 α 星"，是狮子座中的一个四合星。

附

录

协会、团体、有用的网络资源以及有价值的图书目录

协会

大众天文学学会（SPA）

官网：http://www.popastro.com

地址：The Secretary, 36 Fairway, Keyworth, Nottingham, NG12 5DU, United Kingdom.

邮箱：membership@popastro.com

大众天文学学会创立于 1953 年，是英国最大的天文协会。它面向所有水平的业余天文学家。出版物包括季刊《大众天文学》和每年六期的新闻通告。大众天文学学会每季度在伦敦举办一次会议。此外，它还有一个蓬勃发展的行星部，由迈克尔·赫兹勒伍德领导。

英国天文协会（BAA）

官网：http://www.britastro.org

地址：The Assistant Secretary, The British Astronomical Association, Burlington House, Piccadilly, London, W1J 0DU, United Kingdom.

一个总部位于英国的天文协会，面向具有高层次知识和专业水平的业余天文爱好者。它的水星和金星部门由理查德·麦金姆博士领导。

英国皇家天文学会（RAS）

官网：http://www.ras.org.uk

地址：Royal Astronomical Society, Burlington House, Piccadilly, London, W1J 0BQ, United Kingdom.

英国皇家天文学会创立于 1820 年，是英国天文和天体物理学、地球物理学、太阳和日地物理学，以及行星科学的领先专业机构。它的双月刊《天文学和地球物理学》会不定期刊登一些关于行星的信息类文章。英国皇家天文学会的会员资格向非专业人士开放。

月球和行星观测者协会（ALPO）

官网：http://www.lpl.arizona.edu/alpo

这是一个总部位于美国的大型天文协会，它有一个水星分部和一个金星分部，有许多活跃的行星观测项目。

意大利天文爱好者协会（UAI）

官网：http://www.uai.it/sez_lun/english.htm

总部设在意大利，拥有活跃的行星观测部门，其英文版网站信息非常丰富。

网络资源

水星计算器

http://www.geoastro.de/skymap/MercuryVenus/mercury.html

金星计算器

http://www.geoastro.de/skymap/MercuryVenus/venus.html

美国地质勘探局（USGS）——详细的金星地图

http://planetarynames.wr.usgs.gov/vgrid.html

美国地质勘探局（USGS）——天体地质学研究计划

http://planetarynames.wr.usgs.gov/index.html

美国国家航空航天局（NASA）的行星摄影杂志

http://photojournal.jpl.nasa.gov/targetFamily/Mercury

http://photojournal.jpl.nasa.gov/targetFamily/Venus

太阳系总览

http://ftp.uniovi.es/solar/eng/homepage.htm

书籍

《太阳系观测指南》

作者：彼得·格雷戈

出版社：柯林斯

ISBN-10：0540088277

ISBN-13：978-0540088270

一本观测指南，包含了关于水星和金星观测的章节。

《美国国家航空航天局紧凑型太阳系地图集》

作者：罗纳德·格里雷和雷蒙德·M.巴特森

出版社：剑桥

ISBN-10：052180633X

ISBN-13：978-0521806336

一本包含水星和金星图表的详细参考书。

《俄罗斯行星探索：历史、发展、遗产和前景》

作者：布莱恩·哈维

出版社：施普林格－实践

该书介绍了俄罗斯如何增进人类对金星表面环境的了解。

《火山世界：探索太阳系火山》

作者：罗萨丽·M.C.洛佩斯和特蕾西·K.P.格雷格

出版社：施普林格－实践

该书包含了对金星火山演化过程的解释。

《探索水星：钢铁星球》

作者：罗伯特·G.斯托姆和安妮·L.斯普拉格

出版社：施普林格－实践

一本关于太阳系最内侧行星的形成历史和运行现状的指南。

水星特征译名对照表

Abu Nuwas 艾布·努瓦斯陨石坑

Adventure Rupes 冒险号峭壁

Ahmad Baba 艾哈迈德·巴巴陨石坑

Al-Hamadhani 哈马达尼陨石坑

Amru Al-Qays 乌姆鲁勒·盖斯陨石坑

Antoniadi Dorsum 安东尼亚迪山脊

Arecibo Vallis 阿雷西博山谷

Balagtas 巴拉格塔司陨石坑

Barma 巴尔玛陨石坑

Bartók 巴托克陨石坑

Basho 松尾芭蕉陨石坑

Belinskij 别林斯基陨石坑

Bernini 贝尔尼尼陨石坑

Bjornson 比昂松陨石坑

Boccaccio 薄伽丘陨石坑

Borealis lava 北极熔岩

Borealis Planitia 北方平原

Brahms-Zola Basin 布拉姆斯－左拉盆地

Brunelleschi 布鲁内莱斯基陨石坑

Budh Planitia 佛陀平原

Caloris Basin 卡洛里盆地

Caloris Montes 卡洛里山脉

Caloris Planitia 卡洛里平原

Cervantes 塞万提斯陨石坑

Cézanne 塞尚陨石坑

Chao Meng-Fu 赵孟頫陨石坑

Chekhov 契诃夫陨石坑

Chong Ch'ol 郑澈陨石坑

Chü-I 白居易陨石坑

Copley 科普利陨石坑

Degas 德加陨石坑

Delacroix 德拉克洛瓦陨石坑

Derzhavin 杰尔查文陨石坑

Derzhavin-Sor Juana Basin 杰尔查文－胡安娜盆地

Dickens 狄更斯陨石坑

Discovery Rupes 发现号峭壁

Donne-Molière 邓恩－莫里哀撞击盆地

Dostoevskij 陀思妥耶夫斯基陨石坑

Dvorák 德沃夏克陨石坑

Eitoku 狩野永德陨石坑

Equiano 艾奎亚诺陨石坑

Gainsborough 庚斯博罗陨石坑

Gjöa Rupes 格约亚号峭壁

Goldstone Vallis 金石山谷

Goya 戈雅陨石坑

Han Kan 韩幹陨石坑

Harunobu 铃木春信陨石坑

Hauptmann 霍普特曼陨石坑

Hawthorne 霍桑陨石坑

Haystack Vallis 海斯塔克山谷

Heemskerck Rupes 海姆斯凯克号峭壁

Hero Rupes 英雄号峭壁

Hesiod 赫西俄德陨石坑

Hitomaro 柿本人麻吕陨石坑

Homer 荷马陨石坑

Valmiki 蚁垤陨石坑

Van Dijck 凡·戴克陨石坑

Van Eyck 凡·爱克陨石坑

Van Gogh 凡·高陨石坑

Victoria Rupes 维多利亚号峭壁

Vincente-Barma Basin 文森特－巴尔玛盆地

Vostok Rupes 东方号峭壁

Wagner 瓦格纳陨石坑

Yakovlev 雅科夫列夫陨石坑

Zarya Rupes 曙光号峭壁

Zeami 世阿弥陨石坑

Zeehaen Rupes 泽汉号峭壁

金星特征译名对照表

Abundia Corona 阿朋第亚冕状物

Addams 亚当斯陨石坑

Aditi Dorsa 阿底提山脊

Agraulos Corona 阿格劳洛斯冕状物

Aibarchin Planitia 埃巴尔钦平原

Aino Planitia 艾诺平原

Akhtamar Planitia 阿赫塔玛尔平原

Akkruva Colles 阿克鲁瓦小丘群

Akna Montes 阿克娜山脉

Alma-Merghen Planitia 阿尔玛－墨尔根平原

Alpha Regio 阿尔法区

Anuket Vallis 阿努凯特峡谷

Apgar Patera 阿普伽火山口

Aphrodite Terra 阿芙洛狄忒高地

Aramaiti Corona 阿尔迈提冕状物

Argimpasa Fluctus 阿尔金巴萨熔岩流波地块

Artemis Chasma 阿尔忒弥斯深谷

Artemis Corona 阿尔忒弥斯冕状物

Artio Chasma 阿尔提奥深谷

Arubani Fluctus 阿鲁巴尼熔岩流波地块

Aruru Corona 阿鲁鲁冕状物

Ashnan Corona 阿什南冕状物

Astkhik Planum 阿斯特希克高原

Atahensik Corona 阿泰尼西克冕状物

Atalanta Planitia 阿塔兰忒平原

Athena Tessera 雅典娜镶嵌地形

Atira Mons 阿提拉山

Atla Regio 亚特拉区

Audra Planitia 阿乌德拉平原

Aušra Dorsa 阿乌什拉山脊

Awenhai Mons 阿温哈伊山

Baltis Vallis 巴尔提斯峡谷

Beiwe Corona 贝伊薇冕状物

Benten Corona 辩天冕状物

Bereghinya Planitia 比列吉尼亚平原

Berggolts 别尔戈丽茨陨石坑

Beta Regio 贝塔区

Bethune Patera 贝颂火山口

Bhumiya Corona 胡米亚冕状物

Boann Corona 波安娜冕状物

Bourke-White 伯克·怀特陨石坑

Britomartis Chasma 布里托玛耳提斯深谷

Cailleach Corona 卡利契冕状物

Calakomana Corona 克拉科玛纳冕状物

Callirhoe 卡里胡陨石坑

Carmenta Farra 卡耳门塔煎饼状穹丘群

Cauteovan Corona 卡乌提奥万冕状物

Cleopatra 克娄巴特拉陨石坑

Coatlicue Corona 科阿特莉库埃冕状物

Cybele Corona 库柏勒冕状物

Dali Chasma 达丽深谷

Danu Montes 达努山脉

Danute 达努特陨石坑

Dekla Tessera 杰克拉镶嵌地形

Dhisana Corona 蒂莎娜冕状物

Dione Regio 狄俄涅区

Dotetem Fluctus 多提泰姆熔岩流波地块

Dsonkwa Regio 德索诺克瓦区

Dunne-Musun Corona 杜涅－穆松冕状物

Dzalarhons Mons 扎拉隆兹山

Earhart Corona 埃尔哈特冕状物

Eigin Corona 爱琴冕状物

Eithinoha Corona 埃西诺哈冕状物

Ekhe-Burkhan Corona 埃赫－布尔汗冕状物

Eliot Patera 艾略特火山口

Erkir Corona 埃尔基耳冕状物

Eve Corona 夏娃冕状物

Fakahotu Corona 法阿霍图冕状物

Fonueha Planitia 封努哈平原

Fornax Rupes 福耳那克斯峭壁

Fortuna Tessera 福尔图娜镶嵌地形

Frejya Montes 芙蕾雅山脉

Frigg Dorsa 弗丽加山脊

Ganiki Planitia 加尼基平原

Gegute Tessera 戈古提镶嵌地形

Guinevere Planitia 圭尼维尔平原

Guor Linea 古尔线状地貌

Haasttse-baad Tessera 哈斯特斯－巴阿德镶
    嵌地形

Habonde Corona 哈邦德冕状物

Hanghepiwi Chasma 罕格赫皮维深谷

Hannahannas Corona 汉娜罕娜冕状物

Haumea Corona 哈乌美亚冕状物

Hecate Chasma 赫卡忒深谷

Helen Planitia 海伦平原

Hervor Corona 赫尔薇尔冕状物

Hinemoa Planitia 赫那莫阿平原

Iang-Mdiye Corona 伊昂－姆迪厄冕状物

Imapinua Planitia 伊玛普伊努阿平原

Imdr Regio 艾姆德尔区

Isabella 伊莎贝拉陨石坑

Ishkus Regio 伊什库斯区

Ishtar Terra 伊什塔尔高地

Itzpapalotl Tessera 伊茨帕帕洛特莉镶嵌地形

Javine Corona 雅维涅冕状物

Juno Chasma 朱诺深谷

Kalaipahoa Linea 卡莱帕霍阿线状地貌

Kaltash Corona 卡勒塔什冕状物

Kawelu-Atla-Helen Region 克维勒－亚特拉－
    海伦区

Kawelu Planitia 克维勒平原

Khotun Corona 霍童冕状物

Kokomikeis Chasma 科科米凯斯深谷

Kottravey Chasma 柯特拉维深谷

Kuanja Chasma 库阿嘉深谷

Kunapipi Mons 库纳皮皮山

Kutue Tessera 库图镶嵌地形

Lada Terra 拉达高地

Lahevhev Tesserae 勒赫赫镶嵌地形

Laima Tessera 拉伊玛镶嵌地形

Laimdota Planitia 拉伊姆多塔平原

Lakshmi Planum 拉克希米高原

Lamashtu Mons 拉玛什图山

Lama Tholus 拉玛火山

Latmikaik Corona 拉特米卡伊克冕状物

Lauma Dorsa 拉乌玛山脊

Leda Planitia 勒达平原

Lemkechen Dorsa 莱姆克岑山脊

Libuše Planitia 莉布丝平原

Likho Tesserae 利霍镶嵌地形

Llorona Planitia 尤罗娜平原

Lo Shen Valles 洛神峡谷群

Louhi Planitia 洛乌希平原

Lowana Planitia 洛瓦纳平原

Ludjatako Corona 卢贾塔科冕状物

Maat Mons 玛阿特山

Madderakka Corona 玛德尔阿卡冕状物

Manatum Tessera 玛纳图姆镶嵌地形

Maria Celeste 玛利亚·切莱斯特陨石坑

Marsh 马许陨石坑

Maxwell Montes 麦克斯韦山脉

Medeina Chasma 梅德伊涅深谷

Meni Tessera 梅尼镶嵌地形

Mesca Corona 墨斯卡冕状物

Metis Regio 墨提斯区

Mona Lisa 蒙娜丽莎陨石坑

Mugazo Planitia 穆加佐平原

Mukylchin Corona 穆克勒钦冕状物

Muzamuza Corona 穆扎穆扎冕状物

Mylitta Fluctus 米利塔熔岩流波地块

Nabuzana Corona 纳布查娜冕状物

Nahas-tsan Mons 纳哈斯－赞山

Nayunuwi Montes 纳尤努维山脉

Nefertiti Corona 娜芙蒂蒂冕状物

Nekhebet Fluctus 涅赫贝特熔岩流波地块

Nephele Dorsa 涅斐勒山脊

Neringa Regio 涅林加区

Nightingale Corona 南丁格尔冕状物

Niobe Planitia 尼俄伯平原

Nirmali Corona 尼尔玛莉冕状物

Nishtigri Corona 尼西提格拉冕状物

Nissaba Corona 尼萨巴冕状物

Nokomis Montes 诺科米斯山脉

Nortia Tesserae 诺尔提亚镶嵌地形

Nsomeka Planitia 恩索墨卡平原

Nuptadi Planitia 努普塔蒂平原

Nuvakchin Dorsa 努瓦克奇纳山脊

Oanuava Coronae 奥努瓦芙冕状物群

Oduduwa Corona 奥杜杜瓦冕状物

Ohogetsu Corona 大宜津比卖冕状物

Okhin-Tengri Corona 奥欣－坚格里冕状物

Olapa Chasma 奥拉巴深谷

Ongwuti Mons 俄格乌提山

Onne Tessera 雪女镶嵌地形

Oshumare Dorsa 奥舒马勒山脊

Ovda Regio 奥瓦达区

Ozza Mons 奥扎山

Parga Chasmata 帕尔恩格深谷

Penardun Linea 佩纳顿线状地貌

Poludnitsa Dorsa 波卢德尼查山脊

Pourquoi-Pas Rupes 普尔夸帕号峭壁

Praurime Fluctus 普拉乌里麦熔岩流波地块

Purandhi Corona 补罗摩底冕状物

Quetzalpetlatl Corona 魁特札尔皮特莱特尔
冕状物

Quilla Chasma 基利亚深谷

Ralk-umgu 拉克－乌姆古深谷

Renenti Corona 列涅努忒冕状物

Renpet Mons 拉恩潘特山

Resolution Rupes 决心号峭壁

Rokapi Dorsa 罗卡皮山脊

Rusalka Planitia 鲁萨尔卡平原

Sacajawea Patera 萨卡加维亚火山口

Sachs Patera 萨克斯火山口

Sapas Mons 沙帕什山

Sartika 尚提卡陨石坑

Sedna Planitia 赛德娜平原

Seia Corona 赛娅冕状物

Sekmet Mons 塞赫麦特山

Semiramus Corona 塞弥剌弥斯冕状物

Shiwanokia Corona 西瓦那基娅冕状物

Shulamite Corona 舒拉弥特冕状物

Sif Mons 西芙山

Sigrun Fossae 西格荣堑沟

Sith Corona 西芙冕状物

Snegurochka Planitia 雪姑娘平原

Sudenitsa Tesserae 苏杰尼查镶嵌地形

Sunna Dorsa 桑纳山脊

Tahmina Planitia 塔赫米娜平原

Tamfana Corona 塔姆法纳冕状物

Tawera Vallis 塔维拉峡谷

Tellervo Chasma 特勒乌深谷

Tellus Tessera 特勒斯镶嵌地形

Tepev Mons 提佩芙山

Tethus Regio 特提斯区

Thallo Mons 塔罗山

Thermuthis Corona 特尔姆提斯冕状物

Thetis Regio 忒提斯区

Tilli-Hanum Planitia 提莉－汉乌姆平原

Tinianavyt Dorsa 蒂尼亚纳维特山脊

Turan Planum 图兰高原

Tutelina Corona 图提利娜冕状物

Tuulikki Mons 杜利基山

Undine Planitia 温蒂妮平原

Unelanuhi Dorsa 乌涅拉努希山脊

Uretsete Mons 乌蕾扎提山

Vaidilute Rupes 瓦伊蒂鲁特峭壁

Ved-Ava Corona 韦季－阿瓦冕状物

Veden-Ema Vallis 维登－埃玛峡谷

Vedma Dorsa 吠陀山脊群（维特玛山脊群）

Vellamo Planitia 韦拉摩平原

Vinmara Planitia 维玛拉平原

Vir-ava Chasma 维里－阿瓦深谷

Virilis Tesserae 维里莉斯镶嵌地形

Viriplaca Planus 维瑞普拉卡高原

Wawalag Planitia 瓦乌瓦卢克平原

Xaratanga Chasma 沙拉坦加深谷

Xilonen Corona 希洛年冕状物

Xochiquetzal Mons 绍奇凯察利山

Yalyane Dorsa 雅尔亚涅山脊

Zaryanitsa Dorsa 扎鲁亚尼查山脊

Zhibek Planitia 吉别克平原

Zimcerla Dorsa 兹姆塞拉山脊

Zorile Dorsa 卓里勒山脊

术语译名对照表

Achromatic objectives 消色差物镜

Acid rainfall, planet-wide 全球性酸雨

Afocal photography 无焦摄影

Afocal planetary images 采用无焦摄影方式拍摄行星图像

Age-related macular degeneration (AMD) 老年性黄斑变性

Alpha Pictoris 绘架座α星（也称"金鱼增一"）

Altazimuth mounts 地平仪支架

Amateur astronomers 业余天文学家（业余天文爱好者）

'Anemone' shields "海葵式"盾状火山

Angular distances 角距

Antoniadi Scale 安东尼亚第量表

Arachnoids 蛛网膜地形

Ashen light 灰光

Asteroidal impacts 小行星撞击

Asteroid Belt 小行星带

Astigmatism, optical aberrations of 散光导致的光学畸变

Astronomical binoculars 双筒天文望远镜

Astronomical cybersketcher 天文数码素描

Astronomical finderscopes 寻星镜

Astronomical image editing software 天文图像编辑软件

Astronomical observation 天文观测

Astronomical Pocket PC programs 掌上电脑上的天文软件

Astronomical societies 天文协会

Astronomical telescope 天文望远镜

Audio Video Interleave (AVI) 音频视频交叉存取

Averted Vision 眼角余光法

Baader Planetarium U-Filter 巴德尔天文馆U型滤光片

Baader TurboFilm 巴德膜

Barlow lens 巴罗透镜

Barringer 'Meteor' Crater 巴林杰陨石坑

Berlin observatory 柏林天文台

Binoculars 双筒望远镜

　-porro prism 双筒普罗棱镜望远镜

　-roof prism 双筒屋脊棱镜望远镜

　-viewers 双目观察器

'Black drop' effect "黑水滴"效应

Blind spot 盲区

Bombardment （行星遭受）轰击/撞击

Calderas 火山臼

California Institute of Technology 加州理工学院

Caloris-related topographic features 与卡洛里盆地有关的地形特征

Camcorders 便携式摄像机

Cassegrain reflectors 卡塞格林望远镜

Catadioptric telescopes 折反射望远镜

Cayley formation 凯利形成

CCD imaging CCD成像

CD marker pen 光盘记号笔

Celestial objects 天体

Celestial poles 天极

Celestron axioms 星特朗公理系列（目镜）

"斑点"图样

Radial grooving 径向辐射的沟槽

Radioactive decay 放射性衰变

Radio telescope 射电望远镜

Reflectors 反射望远镜

Refractors 折射望远镜

Retina 视网膜

Rift valley 裂谷

Ring of fire 环太平洋火山带

Rumsey, Howard 霍华德·拉姆齐

Saccades 眼跳

Schmidt-Cassegrain telescope (SCT) 施密特-卡塞格林望远镜

Schroeter Effect 施罗德效应

Shareware 共享软件

Shield volcanoes 盾状火山

SLR cameras 单反相机

SLR photography, conventional 传统的单反摄影

Solar nebula 太阳星云

Solar System 太阳系

Solar winds 太阳风

Spherical aberration 球差

Splotches 大斑块

Stellar occultations （行星）掩星

'Stellate fracture centres' 星状断裂中心

Stroboscope effect 频闪效应

Subduction zones 俯冲带

Sudbury impact 萨德伯里陨石坑

Sun-Venus tidal interactions 太阳—金星潮汐效应

Synodic period 会合周期

Tectonic activity 构造活动

Tectonic boundary 构造边界

Tectonic features 构造特征

Tectonic movements 构造运动

Tectono-volcanic structures 构造火山的结构

Telescopes 望远镜

Telescopes mounts 望远镜支架

Telescopic resolution 望远镜分辨率

Telescopic sketch 在望远镜前绘制的观测图

Tele-Vue Radians 美国 Tele Vue 公司的弧度系列（目镜）

Terrestrial explosive eruptions 地球上火山的爆炸性喷发

Tesserated terrain 镶嵌地形

Thermonuclear reactions 热核反应

'Tick' volcano "蜱虫式"火山

Tolstojan Period 托尔斯泰纪

Trialware commercial programs 试用版的商业软件

T-Tauri star 金牛 T 型星

Ultra Mobile PC (UMPC) 超级移动电脑

Ultraviolet (UV) 紫外线

 -imaging 紫外成像

 -sensitivity 紫外线敏感度

 -visual sensitivity to 视觉紫外线敏感度

 -wavelengths 紫外波长

Universal Time (UT) 世界时间

US Geological Survey's Astrogeology Research Programme 美国地质勘探局天体地质学研究计划

US Geological Survey's Venus crater database 美国地质勘探局金星陨石坑数据库

US Pioneer-Venus Orbiter 美国"先锋金星轨道飞行器"

Venus 金星

 -axial tilt and rotation period of 金星的自转轴倾斜和自转周期

 -cloud patterns 金星的云层图样

致

谢

感谢迈克·英格利斯邀请我来写这本书，感谢他在本书撰写过程中给予我的帮助和建议。施普林格出版社在英国和美国的全体员工为本书的出版付出了辛勤的劳动，在此我对他们深表谢意。我还要特别感谢约翰·沃森和哈里·布洛姆，他们慷慨地向我提供了本书中的图片，这些图片对阅读本书有很大帮助，我希望我的文字内容配得上这些图片，并希望本书能够启发他人去观察水星和金星。

图书在版编目（CIP）数据

观测水星和金星 ／（英）彼得·格雷戈著；汪赞译．
上海：上海三联书店，2025.7. -- （仰望星空）.
ISBN 978-7-5426-8873-6

I．P185

中国国家版本馆 CIP 数据核字第 20251TT182 号

观测水星和金星

著　　者／	〔英国〕彼得·格雷戈
译　　者／	汪　赞
责任编辑／	王　建　樊　钰
特约编辑／	徐　静　张兰坡
装帧设计／	字里行间设计工作室
监　　制／	姚　军
出版发行／	上海三联书店
	（200041）中国上海市静安区威海路755号30楼
联系电话／	编辑部：021-22895517
	发行部：021-22895559
印　　刷／	三河市中晟雅豪印务有限公司
版　　次／	2025 年 7 月第 1 版
印　　次／	2025 年 7 月第 1 次印刷
开　　本／	960×640　1/16
字　　数／	162千字
印　　张／	22.5

ISBN 978-7-5426-8873-6/P·20

定　价：49.80元

著作权合同登记号　图字：10－2022－205 号